ITALY IN 37 GLASSES

Sniff's Field Guide to Italian Wine

37杯酒喝遍義大利：

葡萄酒大師教你喝出產區、風土、釀酒風格，
全面掌握義大利酒精華

葡萄酒大師 馬克・派格（Mark Pygott MW）/ 著
麥可・歐尼爾（Michael O'Neill）/ 繪圖
潘芸芝 / 翻譯

目錄 Contents

前言

　　麥可與我於 2014 年成立了部落格 sniff.com.tw，目的是希望能讓葡萄酒與美酒品飲欣賞變得更平易近人。與其依循較傳統的方式，我們創造了一個角色：Sniff，透過插畫與充滿熱情的指引說明，讓更多人開始對葡萄酒產生興趣。如今，這已經是我們的第二本著作，依舊由葡萄酒小英雄 Sniff 擔任旅伴，陪同各位漫步於義大利葡萄園之間。

　　隨著年紀漸長與電子書的普及，我發現自己越來越難將我喜愛的葡萄酒書搬到客廳沙發以外的地方。雖然我可以在家裡舒適地仔細閱讀這些既大又重的書籍，但它們在出外旅行時卻完全派不上用場，以至於每當我要到不同產區參訪時，都只好以影印或拍照的方式節錄相關內容，並暗自希望，要是所有必需資訊都能囊括在同一本書裡該有多好。

　　因此，麥可和我一同打造了由 Sniff 帶路，造訪世界各產地的系列叢書。這些是容易攜帶的輕量級參考手冊，它可以伴隨你到世界任何角落，裡面包含了充足又容易理解與記憶的一切資訊，提醒讀者每一個產區的酒款風格，以及背後的主要原因。

　　我們希望能將葡萄酒變簡單，但絕非以高高在上的態度教授，而是以簡潔的方式整理出葡萄酒風味的背後原因。在本書，我們決定以 37 款酒帶出義大利葡萄酒的精髓，當然，這不代表全義大利只有這幾款酒值得品飲。其實本書也可以寫成「737 杯酒喝遍義大利」，但依舊會有人爭辯 1,474 杯酒也無法完整呈現義大利葡萄酒的全貌，而且他們很可能也說得沒錯。不過，我們希望這是一本容易攜帶且平易近人的作品，讓讀者能帶著它一起踏上旅途，一面動手寫下各種關於葡萄酒的心得和感想；總之，這理應是一本極為實用的手冊。

　　我們在創作本書的過程獲得極大樂趣，誠摯希望各位也能因本書得到同等的享受。如果各位在遇到原本不願意嘗試，或因不熟悉而從未納入考慮的酒款時，而能因為本書願意嘗試更多元的風格，那麼，我們便算是真的做出有價值的作品了。

Mark Pygott

如何使用這本書

本書依產區介紹了 37 杯葡萄酒,其酒莊位置均標示於第 7 頁的義大利地圖。每一個產區的最後一頁將另列出酒莊清單,雖然不夠齊備,卻是我們認為最能代表該產區的酒莊,如同書中每一杯葡萄酒。這 37 款酒並不是全義大利最佳酒款(那是不可能的任務),我們純粹希望透過這些酒款,展現義大利葡萄酒美味且多元的本質。每一款酒與酒款的每一年份目前市面上應該都能買到,但請不要過度執著於年份而忽略其他要素。這 37 款酒所選擇的特定年份,都是因為該年份能展現較冷或較熱的生長期為杯中酒帶來的影響。如果買不到書中所列的年份,不妨試試其他年份,你會發現不同年份酒款的不同表現,無疑是葡萄酒另一個有趣之處。

由於全球市場酒價不一,我們很難列出一款酒的精確價格,不過由於義大利使用歐元(€),因此我們以歐元表示各酒款在義大利當地的售價。本書的價格區間表示如下:

零售價(約值)

€ = 10 歐元或以下

€€ = 20 歐元或以下

€€€ = 30 歐元或以下

€€€€ = 40 歐元或以下

€€€€€ = 50 歐元或以下

€€€€€ + = 50 歐元以上

讀者可能會覺得部分酒款的價格較高。沒錯，特定產品是否物有所值……，那是另一個問題。以一瓶葡萄酒而言，你對於合理價格的接受度將取決於個人可支配的收入，以及你對於這筆錢預期的機會成本。以我本身來說，我喝的葡萄酒售價大多是 10 歐元，或 20 ～ 30 歐元，偶爾才會喝超過 100 歐元的葡萄酒。將錢花在最適合自己的東西上，永遠是最理想的購買方式。一款酒的「價值」仍仰賴各位的嗅覺與味蕾，我們希望各位判斷的標準是品飲的享受程度，這才是最重要的。

我們不希望本書充斥大量的科學解釋，或錯綜複雜的農耕技巧，但仍須點出釀酒人與葡萄酒農的決定如何影響酒液。因此，本書列出了簡短扼要的〈技術篇〉，為各位說明釀造「自然酒」（natural wine）時施行低干預方法的原因或決策，還包括土壤對葡萄酒風味帶來的影響，以及氣候變遷。

最後，本書還附上可以記錄品飲筆記的參考格式，包括寫下品飲筆記時可能須考慮的各種要點。

讓我們舉杯！Tchin tchin！

37杯義大利葡萄酒產區地圖

Sniff說義大利

在歐洲葡萄酒大國中，沒有任何一個國家能像義大利，提供如此令人愉快的旅行和探索經驗

無論是在遙遠北部奔跑於阿爾卑斯山的牧草之上，或在最南端跋涉越過古老熔岩，朝著令人忐忑不安的活火山地區前進。義大利的旅行從北到南都令人興奮不已。

無論走到哪兒，似乎都能看到這座國度的共同點：罕見的自然美景。一部分是因為義大利的地形主要以山脈和丘陵為主，國境內總有變化萬千的海拔高度、綿延山廓和光線。

利古里亞（Liguria）五漁村（Cinque Terre）的葡萄園和城鎮，坎帕尼亞（Campania）阿馬爾菲海岸（Amalfi Coast）的檸檬樹林和別墅等美景，恐怕只有最陰鬱的人才能對此無動於衷。

此外，圍繞在義大利四周的都是水域，只有少數幾個行政大區不受地中海潮濕的氣候影響，鄰近的海洋讓義大利海岸線總是一片無與倫比的美景。

這些地方體現人類為了在美麗與滋養靈魂的地景生活，願意付出多少。

不僅是美景，義大利更是人類史上最優秀的建築與美學發源地之一。義大利境內由聯合國教科文組織（UNESCO）列為世界遺產的數量相當驚人。

義大利最著名且最成功的種族或「部落」，當屬羅馬人。

他們的珍貴遺產無所不在，但最完美保存下來的應屬令人心神嚮往的萬神殿（Pantheon），以及龐貝古城的重建房屋和街道。

當然，羅馬人也受到了希臘人的影響。而現今西方建築不斷出現羅馬與希臘風格，則多虧了北義最古老城市之一帕多瓦（Padua）在文藝復興時期的知名傑出建築師帕拉迪歐（Andrea Palladio）之影響。

旅行經過自然壯麗景色與人工雄偉建築的國度同時，造訪的人們還能享受全球最受讚譽的奢華美食文化。究竟義大利為何能擁有如此多元又出色的美食？

原因之一，就是這裡多元的地理環境與氣候。

義大利北部天氣較涼，靠近水源，因此比南義容易種植稻米。至於海岸線綿長的地區，魚類則成為每一份菜單最重要的主角。

除了地理環境，我們也不應忘了義大利其實十分年輕。義大利成為統一國家僅經過一百五十年，在此之前，各自「獨立」的城邦背後擁有不同歷史，但皆以各式各樣的方式，影響著共享邊境的鄰邦。

因此，儘管義大利人都熱愛義大利麵和番茄（這個水果、蔬菜莫辨的食材，其實源於南美），但義大利的美食地圖卻不是單一國家，而是二十個，也就是現今義大利的二十個行政大區。

最後，我們來到了本書焦點：葡萄酒。為什麼義大利葡萄酒值得在你的酒窖、酒櫃、酒架或酒杯中現身？

因為，就如同義大利美食，義大利葡萄酒也是全球最多元的葡萄酒。

如果你喜歡品飲（正在閱讀本書的你，肯定熱愛品飲吧？）義大利葡萄酒無疑能讓各位親身體驗變化竟能夠如此無窮無盡。

相較在世界其他產區廣泛種植的法國品種，如卡本內蘇維濃（Cabernet Sauvignon）、梅洛（Merlot）、夏多內（Chardonnay）和黑皮諾（Pinot Noir）等。義大利最著名的葡萄酒，如來自巴羅鏤（Barolo）、奇揚替（Chianti）、Prosecco和阿布魯佐（Abruzzo）等產區的美酒，均以獨特的義大利原生品種釀成。

這些品種可以生產與法國表親同樣傑出又深刻的美酒，但它們似乎較少向外遠遊，或頂多只有旅外的義大利人才懂得欣賞，遠不如它們應得的肯定。

如果各位依舊對義大利葡萄酒心懷存疑，這本小巧的書籍將足以消除你心中任何疑慮，因為這 37 款酒，每一款都能讓我快樂地入喉；

那麼，我們展開旅程吧！

托斯卡納 Toscana

待嘗美酒

1. Isole e Olena, 'Cepparello', 2013, Toscana IGT, €€€€€
2. Montenidoli, 'Fiore', 2015, Vernaccia di San Gimignano DOCG, €€
3. Duemani, 'Cifra' (Cabernet Franc), 2016, Costa Toscana IGT, €€
4. L'Aietta, 2012, Brunello di Montalcino DOCG, €€€€
5. Avignonesi, Vin Santo di Montepulciano DOC, 2002, €€€€

托斯卡納

在《33 杯酒喝遍法國》中，我的最後一款酒來自科西嘉島（Corsica）。這座多山島嶼多年來不斷被法國和義大利輪流占領，其歷史無疑以血淚交織而成。

科西嘉北部鄰近托斯卡納海岸（雖依舊相距約 110 公里），兩地的相鄰也影響了葡萄品種，科西嘉島的許多品種便是托斯卡納原生品種。

因為這條與義大利（尤其是托斯卡納）的連結，本書從這個行政大區開始介紹又更是理所當然了，而且，托斯卡納也將是本書所有葡萄酒產區最具「義大利風情」的一區。

賽普雷斯（Cypress）一條條的道路、一座座山城、聖吉米尼亞諾（San Gimignano）的高聳尖塔，以及展現羅馬建築之美的比薩斜塔，種種都是我們這些非義大利人可能從孩提時代便再熟悉不過的義大利象徵。它們不僅是托斯卡納最美好的一面，更是眾所皆知的義大利形象。

我是山吉歐維榭的忠實粉絲，即使只是平凡的義大利煙燻火腿或義大利麵，搭配起來也總是能讓我吃得津津有味。

而所有與義大利相關的葡萄品種中，酸度明顯、個性難搞，但總是鮮美的山吉歐維榭，可謂最出名的品種了。

如果釀自最偉大的地塊，山吉歐維榭常能成為最卓越的佳釀，展現出非凡的細緻與活力。

如果山吉歐維榭（Sangiovese）有心靈歸宿，肯定就是古典奇揚替（Chianti Classico）產區的高丘。許多人第一次品嘗這個義大利種植面積最廣的品種時，經常是來自此產區，也是我們第 1 杯酒的發源地。

Isole e Olena, 'Cepparello' 2013, Toscana IGT, €€€€€

1

Isole e Olena 酒莊位於古典奇揚替產區的中心地帶，幾乎就坐落在佛羅倫斯和西恩那（Siena）兩座托斯卡納最令人印象深刻的美麗城市正中央。義大利酒標上的「古典」（Classico）一字，通常指特定產區內最初（最經典）且通常是最優良的產區。

如果從北部的佛羅倫斯出發，即使是最謹慎的駕駛也可以在一小時之內抵達酒莊，若從南部西恩那出發，還會提早十五分鐘抵達。

行駛在這片擁有鄉村風光的丘陵腹地上，幾乎不會有人抱怨路程漫長。這是一個能讓冷酷或冷漠旅伴，搖身變成熱情奇揚替信徒的美麗產區。

Sniff 的品飲筆記

我們的第一杯酒呈現紅寶石色澤，香氣宛如櫻桃派，一經嗅聞便忍不住分泌起唾液。酒款初嘗既酸且甜美，帶有幾乎如同薄荷油一般的草本調性，但這款美釀驚人的實力，要等入口後才會見分曉。酒款口感明亮、鮮活，具有洗淨味蕾的酸度，讓口中的紅色果味更顯新鮮。質地非常高雅，單寧如粉又如果髓，完美地鋪撒在舌尖、臉頰和牙齦，如框架般包裹著酒液的風味。此外，這款酒還略帶鹽味，一股像是上等橄欖或帕馬火腿（Parma ham）薄片般的鹹鮮調性，讓人忍不住咂嘴，期待著迎接下一口酒液。餘韻則徜徉在口中久久不散，即使酒液入喉，依舊樂趣無窮。

「Cepparello」酒款以百分之百山吉歐維榭釀成，此品種鮮少釀出酒色深濃的葡萄酒，因為天生果皮較薄。

和大多數釀酒葡萄一樣，山吉歐維榭的果汁本身為透明，因此酒色完全源自果皮和果肉在發酵過程一同浸泡。

果皮較薄（通常）意味著釀成的酒色較淺淡，因此山吉歐維榭的酒色通常僅是中等。

山吉歐維榭的香氣常令人聯想到地中海乾燥草本植物與酸櫻桃香。這也是此杯酒的風味，但香氣更加濃郁，相較於其他同類型酒款更加出色；

它聞起來

厚重

為什麼呢？

「Cepparello」是 Isole e Olena 酒莊的山吉歐維榭旗艦酒款，僅選用自家葡萄園品質最優秀的葡萄釀造。另外，莊主和釀酒師 Paolo di Marchi 注重細節，此款酒更因此始終是托斯卡納最備受推崇、更屢屢拿下各項大獎殊榮的葡萄酒。

酸度帶來的清新特性是該品種的另一個特色，這款酒源自古典奇揚替丘陵地帶的高海拔葡萄園，無疑又為這款佳釀增添了更多清澈明亮的個性。

這裡雖然屬於地中海型氣候，但海拔 400 公尺十分有助於降溫（海拔每升高 100 公尺，溫度就會下降約 0.65°C），尤其是在夜晚，因高海拔會讓日夜溫差更大。

400 公尺

溫差 2.6°C

海平面

 此處顯著的日夜溫差能保存葡萄酒的酸度和香氣，因此在展現濃郁滋味的同時，還能維持優雅風格。

還記得剛剛我曾描述山吉歐維榭有些「難搞」。我的意思是，品質一般的山吉歐維榭酒款中的果味可能略嫌瘦弱，使口中質樸的單寧感和酸度更明顯，因此降低了品飲的愉悅。

我們的第 1 杯酒雖有明顯的單寧，卻不會過於粗糙，而是似果髓和粉狀質地，而且單寧熟美，為酒液增添整體吸引力且更顯豐郁。

「Cepparello」酒款足具魅力的另一項關鍵，則是部分使用了全新法國橡木桶（以及舊一點的木桶）。

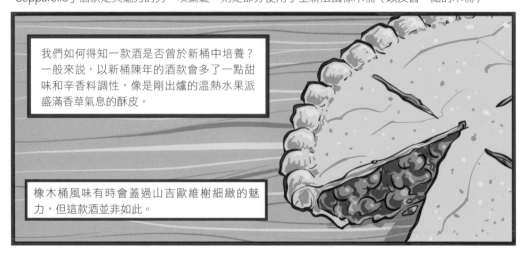

我們如何得知一款酒是否曾於新桶中培養？一般來說，以新桶陳年的酒款會多了一點甜味和辛香料調性，像是剛出爐的溫熱水果派盛滿香草氣息的酥皮。

橡木桶風味有時會蓋過山吉歐維榭細緻的魅力，但這款酒並非如此。

酒款經發酵後，釀酒師 Paolo 將三分之一的酒液注入全新法國橡木桶培養，另外三分之一注入使用過一次的木桶，最後三分之一則放入使用過兩次的木桶中陳年。

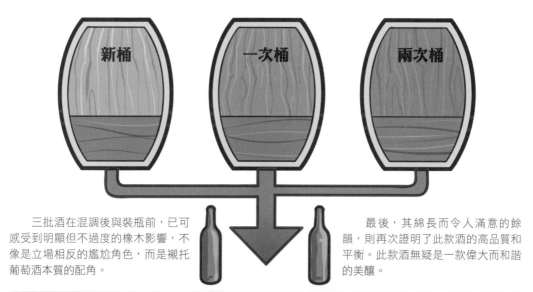

三批酒在混調後與裝瓶前，已可感受到明顯但不過度的橡木影響，不像是立場相反的尷尬角色，而是襯托葡萄酒本質的配角。

最後，其綿長而令人滿意的餘韻，則再次證明了此款酒的高品質和平衡。此款酒無疑是一款偉大而和諧的美釀。

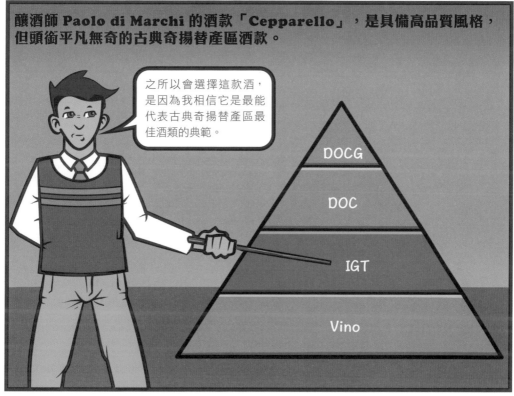

釀酒師 Paolo di Marchi 的酒款「Cepparello」，是具備高品質風格，但頭銜平凡無奇的古典奇揚替產區酒款。

之所以會選擇這款酒，是因為我相信它是最能代表古典奇揚替產區最佳酒類的典範。

DOCG

DOC

IGT

Vino

細心的讀者可能已經發現，此款酒並非古典奇揚替保證法定產區（Denominazione Originale Controllata Garantita，DOCG），而是地區餐酒（Indicazione Geografica Tipica，IGT）。更多資訊參見專有詞彙。

之所以值得一提，是因為許多人以為最好的葡萄酒應隸屬於 DOCG 或 DOC 等級，IGT 等級的葡萄酒好似一定比較劣質，但其實不一定。

對於希望生產優質葡萄酒、卻無法符合義大利嚴格法定流程（每一個等級代表葡萄酒生產須分級依循的「紀律」）的業者們，IGT 等級就像是給了他們一張安全網。

1980 年代初期，當 Paolo 開始生產「Cepparello」酒款時，他的目標是釀出最棒的葡萄酒。而 Isole e Olena 酒莊的最佳葡萄，正是來自某一個他最愛的山吉歐維榭葡萄園。

當時（不同於如今），奇揚替產區的法規明確表示，任何符合此產區名稱的葡萄酒都必須用一定比例的白葡萄和紅葡萄釀造。此法規的目的是保護奇揚替葡萄園的品種，並非讓當地酒款品質最大化，而這也表示奇揚替產區酒款必須是混調。Paolo 的葡萄酒因此無法標上古典奇揚替產區名稱。

此法規於 1996 年修改，允許奇揚替產區酒款以百分之百山吉歐維謝釀造，但此時的 Paolo 已不願意、也不覺得有必要改變這款酒的等級，但這正是他送給托斯卡納葡萄酒業的一份大禮。

Montenidoli, 'Fiore', 2015, Vernaccia di San Gimignano DOCG, €€

不論人們多麼讚賞托斯卡納白酒的品質，讓托斯卡納成為最早也最重要產區之一的依舊是紅酒。不過，此處也釀有不少優質且甚至傑出的白酒。

從 Isole e Olena 酒莊的葡萄園出發，開車往西不久後，就會見到聖吉米尼亞諾。城內為數眾多的中世紀塔樓，是十三至十四世紀當地重要家族展示財力和實力（與睪固酮）的象徵。

SP127 公路
Isole e Olena
聖吉米尼亞諾
SP1 公路

如今，聖吉米尼亞諾（San Gimignano）的經濟實力在於吸引遊客欣賞古老建築的魅力，但這座古城不該只以完美保存過往而聞名。

1966
DOC

1966 年，Vernaccia di San Gimignano 成為義大利第一個 DOC，二十七年後又升級成 DOCG。此處酒款品質是否足以成為全義第一個 DOC？老實說，「不盡然」，但當地釀造葡萄酒的歲月很長，而歷史很重要。

1993
DOCG

這麼說吧，當你想要為自己的新制度選出第一個代表時，你會選擇年輕新興貴族？還是釀酒歷史可以追溯到該城豎立起第一座塔樓時的聖吉米尼亞諾？

雖然部分人士曾質疑 Vernaccia di San Gimignano 成為義大利第一個 DOC 的動機，但此處確實不乏美味且獨具特色的葡萄酒。

其中最有特色的，也許正是聖吉米尼亞諾城牆以西 4 公里的 Montenidoli 酒莊，該酒莊由 Elisabetta Fagiuoli 所有。

Sniff 的品飲筆記

維納恰（Vernaccia）從來不是香氣最豐富的品種，但此品種魅力不減。此款酒展現的草莓冰淇淋香氣，令人想起兒時夏天那帶有粉紅色調的布丁盆；在我的回憶中，總伴隨著一股撫慰人心的暖意。以這款酒而言，「甜美」的奶油香中，又帶了其他我認為與夏日有關的氣味，如蜂蜜、白花和檸檬果髓。

相較於香氣，這款酒在口中顯得相對豐富、飽滿，但由於尚有令人垂涎的酸度和細緻微苦的奎寧餘韻相互平衡，酒體因此絲毫不顯笨重。這不是多麼複雜的葡萄酒，但也不簡單了。其撫慰人心、精確和純淨的風格，使這款酒幾乎適合所有場合。

草莓香氣固然令人愉悅，卻在意料之外。這雖非我想像中品種會有的風味，不過細緻的柑橘和白花香調性，倒符合經典維納恰香氣。

奶油味倒是不難想像，因為裝瓶之前，Elisabetta 會讓酒液長時間與酵母渣一同培養。

說到「酵母渣」（lees）或「與酵母渣接觸」（lees contact）時，指的主要是死酵母細胞逐漸在發酵或熟成的容器底部累積沉澱。

隨著時間的流逝（以這款酒而言是兩年），這些死去的細胞會逐漸分解，並於酒液中釋放蛋白質，以增添酒款綿密的質地，無論是口感或風味（如前所述）皆然。

在某些情況下，釀酒業者會刻意攪動酒桶，使酵母渣懸浮於酒液中，增加酵母渣影響葡萄酒風味的程度。

解析

品飲筆記

不過，此酒款選擇不攪桶，以降低酵母渣對於酒液的影響，使維納恰品種的精緻特色不被埋沒。

餘韻中略帶　　苦味的特性，則是義大利許多知名白酒常見的特徵，而且通常來自義大利原生厚皮白酒品種所帶來的單寧感。

如果各位想嘗試維納恰品種單寧更厚實的酒款，不妨試試 Montenidoli 酒莊的「Tradizionale」，其與果皮接觸時間較長，能為飲者提供與眾不同的質地和芬芳氣味。

GLASS 3

Duemani, 'Cifra' (Cabernet Franc), 2016, Costa Toscana IGT, €€ , 自然動力法

道別 Elisabetta 和她品質穩定的維納恰後，我們繼續向西行駛，前往海洋。

當我們在路上見到烏鴉飛翔時，想必等著我們的會是另一趟美麗的旅程（英國視烏鴉為神聖、好運的象徵）。我們行經托斯卡納另一個名為沃爾泰拉（Volterra）的美麗古城，大約三十分鐘後，在標示著里帕爾貝拉（Riparbella）的路標右轉。

（地圖標示）
Montenidoli 酒莊
SP14 公路
Duemani 酒莊
里帕爾貝拉
SP68 公路

RIPARBELLA
(provincia di Pisa)

里帕爾貝拉（比薩省）

行經里帕爾貝拉鎮時，眼前屋頂在昏暗的光線下散發淡淡的橙色，十五分鐘的蜿蜒山路後，我們來到了 Luca 和 Elena 經營的酒莊 Duemani（義大利文意為兩隻手）。

馬雷瑪（Maremma）產區酒款，多始於 1980 年代初期，扮演義大利葡萄酒復興運動的重要角色，尤其是著名的頂級名釀。

若說該產區在那之前並未產出優質好酒，我可能會誤導讀者。雖然義大利向來有不少美釀，不過，可能包括義大利人在內的許多人，都已對該國釀酒業能否持續製作傑出美釀，失去信心。

當時的托斯卡納馬雷瑪北端希望使用法國葡萄品種（而非義大利品種），釀造出高品質的托斯卡納版的波爾多（Bordeaux）風格葡萄酒，這一切由 Sassicaia 酒莊起頭，漸漸地，其他跟隨者也開始效仿。

這樣的野心創造出了高品質且高價位的酒款，並逐步成為如今熟知的「超級托斯卡納」（Super Tuscan）。

這些酒款受到的批評之一，就是它們奢華的「國際」風格，因為這類酒款的釀造目標經常是使人驚豔，而不是為了讓人好好享受。

不過，同樣地，最佳酒莊的奢華感總是比較從容怡人，而它們的原生品種或混調酒款，都帶有一股自信。

我想介紹的此產區葡萄酒，除了以一種或多種與波爾多相關的品種釀造，酒中同時也能反映義大利血統，而且我也希望這是一款多數飲者買得起的酒款，因此選擇了「Cifra」。

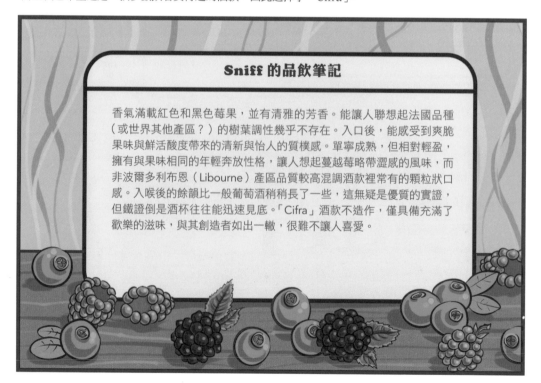

Sniff 的品飲筆記

香氣滿載紅色和黑色莓果，並有清雅的芳香。能讓人聯想起法國品種（或世界其他產區？）的樹葉調性幾乎不存在。入口後，能感受到爽脆果味與鮮活酸度帶來的清新與怡人的質樸感。單寧成熟，但相對輕盈，擁有與果味相同的年輕奔放性格，讓人想起蔓越莓略帶澀感的風味，而非波爾多利布恩（Libourne）產區品質較高混調酒款裡常有的顆粒狀口感。入喉後的餘韻比一般葡萄酒稍稍長了一些，這無疑是優質的實證，但鐵證倒是酒杯往往能迅速見底。「Cifra」酒款不造作，僅具備充滿了歡樂的滋味，與其創造者如出一轍，很難不讓人喜愛。

身為卡本內蘇維濃和卡門內爾（Carmenere）的父母親株，也難怪卡本內弗
朗（Cabernet Franc）展現了某些類似特徵。

常見的特徵之一，便是特定的草本氣味或葉味。這股「綠色」的特徵在整體香氣中，往往能為果味提供令人振奮的鹹鮮滋味與活力。

但是，Duemani 酒莊的這款酒卻不見卡本內弗朗經典的草本調性，為什麼？

當 Luca D'Attoma 成為成功的釀酒師與釀酒顧問後，他決定和妻子 Elena Celli 一同投資並打造自己的葡萄園時，自然而然地，深受這塊擁有強烈情感的義大利產區所吸引。

Luca 出生於佛羅倫斯一帶，Elena 則來自名為盧卡（Lucca）的小城。兩人都是托斯卡納人，因此在馬雷瑪北部丘陵俯瞰大海之處建立屬於自己的酒莊，相當合理。而我們也能在這款酒中嘗到這個明智選擇帶來的美味。

Luca 夫妻於本世紀之初在里帕爾貝拉附近買下了這塊地，這裡的土壤和聖愛美濃（St. Emilion）產區的黏土質和石灰岩質有相似之處，因此選擇種植 Luca 最喜愛的卡本內弗朗，以及部分梅洛與希哈（Syrah），並不難想像。

當然，托斯卡納（尤其是沿岸地區）比卡本內弗朗的法國家鄉，如羅亞爾河（Loire）中部和波爾多右岸，來得溫暖許多。

這也是此款酒草本調性不太明顯的部分原因。

產生這些香氣的化合物稱為甲氧基吡嗪（methoxypyra-zines），當成熟的葡萄果實暴露在充足的陽光和／或溫暖氣候時，這些化合物會隨之銳減。

Luca 不希望馬雷瑪的氣候削減卡本內弗朗特有的鹹鮮滋味與複雜性，因此他採行灌木剪枝法（bush training，義大利稱為「Alberello」系統），以葉片保護葡萄果串，使後者不會過分暴露於陽光之下。

250～350 公尺

此外，他特別選擇酒莊內海拔最高（約 250～350 公尺）之處種植卡本內弗朗，確保葡萄不至於過熱。

最後，暴露在海風的吹拂（從葡萄園就可以直接眺望大海）也有助於緩解炎熱的仲夏氣候，這就是為什麼我們仍然可在酒中找到精確的風味與撲鼻的香氣，而非更多烘焙與活力不足的水果調性。

單寧的結構（也許這類討論會讓各位有點兒恐慌）聽起來可能有點兒太理論，但是，葡萄酒的品質確實會因為單寧的質地而大大提升。

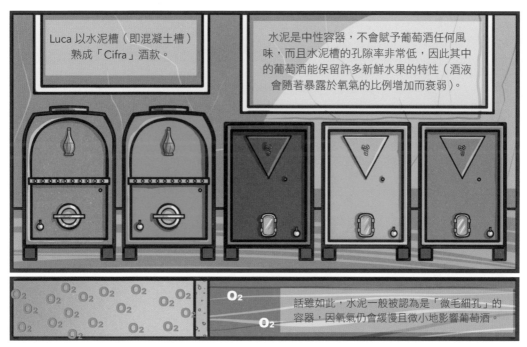

我想，這就是為何比起其他暴露在更多氧氣之下而軟化的單寧，此款酒的細緻度稍低，不過，我喜愛其展現如此純粹與爽脆的水果本質，而水泥槽無疑對保留這樣的特質有所幫助。

這才是真正的好酒。這類酒款會讓人想一口接一口，明顯刻意誘人多喝一點以繼續描繪與讚賞此酒款，然後不斷地喝下第二杯、第三杯。

一款像樣的酒。

L'Aietta, 2012,
Brunello di Montalcino DOCG, €€€€

品嘗完 Duemani 酒莊的美酒之後，可以理解各位可能想要結束今天的行程，好好休息。那麼，趕緊開車前往兩小時之外的托斯卡納蒙塔奇諾（Montalcino）吧。

我們的旅程向南，在格羅塞托（Grossetto）鎮之前左轉進入內陸，先順著翁布羅內河（Ombrone river）前進，再沿著蒙塔奇諾葡萄園邊界的歐奇亞河（Orcia river）前行，將馬雷瑪拋諸腦後。

但是，離開眼前這片樸實且原始的托斯卡納海岸線時，別忘了取道名聲響亮且綠樹成蔭的「絲柏大道」（Viale dei Cipressi），這條筆直的大道就位於大海和博給利（Bolgheri）村之間。

來到海拔超過 500 公尺的蒙塔奇諾，在一片美景和涼爽的天候中恢復活力，能讓身心平靜，尤其是夏季身處蒙塔奇諾中心地帶蜿蜒狹隘的街道。

無論是一天中的什麼時刻，這兒都是一片美麗的柏油碎石路，尤其在黎明與黃昏的海光反射之下，尤其迷人。

依據莊主 Francesco Mulinari 表示，L'Aietta 是蒙塔奇諾面積最小的酒莊，其葡萄園僅占地 1.5 公頃。

選擇這款極為稀有且僅少數人得以品嘗的酒款代表蒙塔奇諾，我知道很可能會招致批評。我也很難反駁這樣的控訴，只能說某些葡萄酒是由規模龐大的企業和家族釀造，也有一些是由 Francesco 這樣的人所釀造。

釀酒業者的規模其實無足評價好壞。我最近才在一場盲品場合注意到 Francesco 的葡萄酒，而且評價極高，直到公布酒標後才發現自己竟然從未品嘗過這間酒莊。而我期待著更深入了解。

之所以想要告訴各位，因為各位也很有可能會遇到類似的事。

在蒙塔奇諾四處探訪，然後在幾間酒莊試飲之後（如果各位誠實地品嘗，而不僅是單憑酒莊名聲決定自己的喜好），很有可能會在離開這座小鎮時，找到一支雖然過去不熟悉但變成最新的最愛酒款，而它就是你的布魯內洛（Brunello）。這就是葡萄酒之美，也是 L'Aietta 的酒款值得收錄於本書的原因。

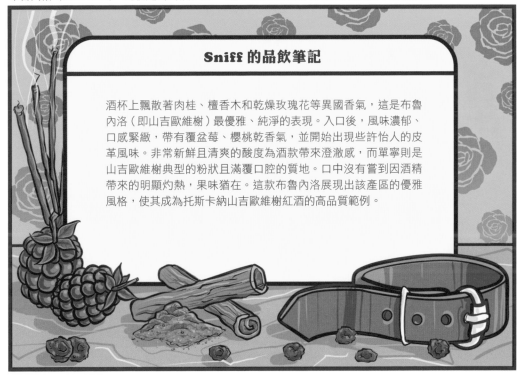

Sniff 的品飲筆記

酒杯上飄散著肉桂、檀香木和乾燥玫瑰花等異國香氣，這是布魯內洛（即山吉歐維榭）最優雅、純淨的表現。入口後，風味濃郁、口感緊緻，帶有覆盆莓、櫻桃乾香氣，並開始出現些許怡人的皮革風味。非常新鮮且清爽的酸度為酒款帶來澄澈感，而單寧則是山吉歐維榭典型的粉狀且滿覆口腔的質地。口中沒有嘗到因酒精帶來的明顯灼熱，果味猶在。這款布魯內洛展現出該產區的優雅風格，使其成為托斯卡納山吉歐維榭紅酒的高品質範例。

解析

品飲筆記

十分優質或「頂級」的葡萄酒，常擁有遠遠超過個別特色的單純加總。

不過，還有其他因素能將此酒款的品質推向如此高峰嗎？

正如同我們在本書所見（以及《33 杯酒喝遍法國》所發現），砂質土壤常能釀出誘人、芳香且非常漂亮的葡萄酒，而這款布魯內洛正是如此。

是的，我們知道山吉歐維樹的香氣向來以紅色水果為主，當此品種種植於海拔較高的地區時（例如為此酒款提供果味的高海拔葡萄園），葡萄果實不僅會因為日夜溫差大而保留高酸，更會因此展現出細緻的花香。

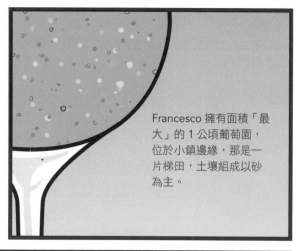

Francesco 擁有面積「最大」的 1 公頃葡萄園，位於小鎮邊緣，那是一片梯田，土壤組成以砂為主。

但是，此處的葡萄樹齡尚年輕，理應缺乏老藤葡萄才能展現的濃郁果味，然而這杯酒的風味卻如此濃郁，

為什麼呢？

也許，這濃郁的風味來自酒莊的旱作種植，並以灌木式引枝法照顧這片梯田葡萄園？

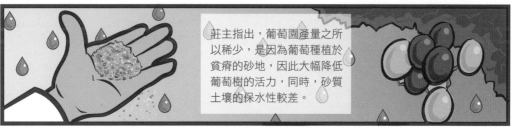

莊主指出，葡萄園產量之所以稀少，是因為葡萄種植於貧瘠的砂地，因此大幅降低葡萄樹的活力，同時，砂質土壤的保水性較差。

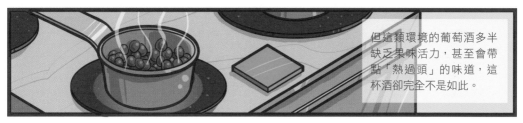

但這類環境的葡萄酒多半缺乏果味活力，甚至會帶點「熱過頭」的味道，這杯酒卻完全不是如此。

肯定還有其他原因提升了這款酒的品質，而原因想必是來自莊主之手。

我們經常在討論某些酒款的表現為何如此優異時，忽略了釀酒師所下的功夫。

但是，長久的經驗和專注細節的努力與熱情，最終無疑都會成為「風土」（Terroir）* 的本質之一。

所有酒莊大小事物 Francesco 幾乎都親力親為，他的有機耕作不僅盡可能降低化學農藥的使用，釀酒時也盡可能地降低人為干預。

如此造就的無疑就是高品質美酒。這也是一踏入精巧的酒莊大門時，便能感受到的氛圍。

* 「風土」定義請參見〈專有詞彙〉

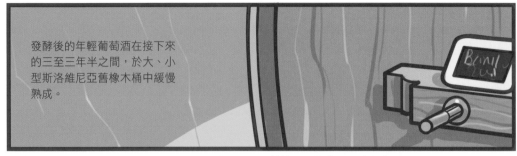

發酵後的年輕葡萄酒在接下來的三至三年半之間，於大、小型斯洛維尼亞舊橡木桶中緩慢熟成。

布魯內洛產區酒款依法必須陳年至少四年，這是義大利葡萄酒規範中最長的熟成時間。

2009　2010　2011　2012

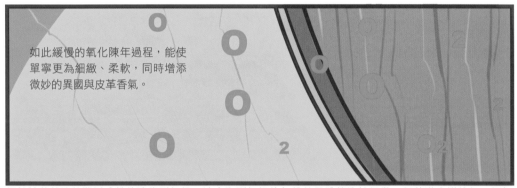

如此緩慢的氧化陳年過程，能使單寧更為細緻、柔軟，同時增添微妙的異國與皮革香氣。

相較於葡萄比較難以成熟的邊緣型氣候，地中海型氣候的年份差異雖然比較細微，但蒙塔奇諾的每一個年份還是會有不同表現。

不過，由於葡萄園坐向、海拔高度和土壤種類不同，幾乎不會有釀酒人能自信地說出某一個年份在整個蒙塔奇諾產區都有「偉大」表現。

2012 年的生長季相當炎熱，所幸高溫處因為坐向、海拔高度與引枝法的不同（或以上所有因素加總），能成功緩解炙熱，使葡萄果實足夠成熟又不至於如葡萄乾一般過熟。

Francesco 因採用灌木引枝法，讓葡萄不受太陽直曬，想必這也是這款酒精濃度達 14% 的酒款嘗來輕巧且顯得內斂而誘人的原因。

GLASS
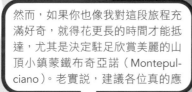

5

Avignonesi, 2002, （100 毫升瓶裝）
Vin Santo di Montepulciano DOC, €€€€

我們的下一個目的地 Avignonesi 酒廠就位於蒙塔奇諾正東方不到一小時的車程。

然而，如果你也像我對這段旅程充滿好奇，就得花更長的時間才能抵達，尤其是決定駐足欣賞美麗的山頂小鎮蒙鐵布奇亞諾（Montepulciano）。老實說，建議各位真的應該經過此地。蒙鐵布奇亞諾不僅是極具文化意義之處，擁有令人印象深刻的大教堂與藝術作品（最著名的是畫家 Taddeo di Bartolo 的三幅相聯畫），此地同時也是貴族之酒（Vino Nobile）的發源地；繼奇揚替和蒙塔奇諾產區之後，托斯卡納山吉歐維榭品種偉大三部曲的第三種酒類。

但是，除了珍貴的貴族之酒，我們旅行至此則是為了托斯卡納的另一件寶藏，義大利的最佳甜酒之一，義大利聖酒（Vin Santo）。

義大利聖酒可以說是全義最富盛名的甜酒，但聖酒品質也因此有著極大差異，因為部分不謹慎的業者利用了市場需求，將原本應是極具深度的美酒，釀成缺乏果味的枯燥酒款。

希望各位喝完 Avignonesi 酒莊最優異的美酒後，能見識義大利聖酒最真實的面貌。

Sniff 的品飲筆記

這款酒核心為棕色，邊緣帶點翡翠色澤。搖杯時可以見到色深、濃稠的酒淚緩慢滑落回到酒杯中心。酒款散發出撲鼻的香氣，與陳年的外觀相呼應，除了有令人舒適愉悅的皮革、堅果、焦化太妃糖和咖啡味，另有蜂蜜、橘子醬與百里香調性。這款酒的口感濃郁而甜美，由於酸度極高，絲毫不顯笨重，維持了既沉穩又優雅的個性，最後還以其陳年的表現再次發揮與生俱來的貴族特性，讓飲者不禁對 Avignonesi 酒莊的這款酒莞爾一笑。

解析

品飲筆記

酒款之酒色完全來自釀酒方式：釀產過程完全暴露於氧氣之下。

用以釀造義大利聖酒的傳統品種為 Trebbiano Toscano 和 Malvasia Bianca Lunga，由於它們都是白葡萄品種，所以不會影響酒色。

糖　酸度　酒色

Malvasia Bianca Lunga 品種的高糖度，以及中性 Trebbiano Toscano 招牌的高酸度，也賦予此酒款重要風格。

這款酒的強烈甜味源自葡萄風乾法（義大利文為 ap-passimento）。在我們義大利半島的旅行中，將會見到許多產區都有類似的濃縮處理（更經典的例子請見「第 9 杯」）。

風乾法的意思為將一串健康的葡萄進行乾燥，葡萄果實中的水分會在此過程自然蒸發，從而減少體積。

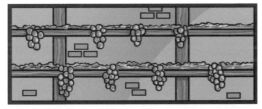

Avignonesi 酒莊的義大利聖酒通常會將葡萄串乾燥至減少約一半的重量。

接著，酒莊會輕柔地壓榨這些葡萄，並於冬季間靜置富含糖分的葡萄果汁，之後轉移到名為「caratelli」的 50 公升小型橡木桶中，開始長時間的熟成。

這款葡萄酒的質地黏稠，因為這類高品質義大利聖酒須經過漫長的陳年。

各位可能還會發現，這款酒以每毫升製作成本而言，榮登本書 37 款葡萄酒中最昂貴的一款。

長時間的熟成不僅增加了製作時間與成本，酒液本身更會因為長時間的緩慢蒸發而減少。

各位可以從酒色及舌上酒液的質地感受到。

Avignonesi 酒莊花了十年的時間，以「caratelli」橡木桶陳放義大利聖酒，期間從不添桶（topping up），酒風因此更加濃郁；此外，因陳年而蒸發的酒液約占一半。

由於這款酒使用的兩個品種（Trebbiano Toscano 和 Malvasia Bianca Lunga），並沒有明顯的香氣特徵，因此這款酒的濃郁香氣並非源自葡萄品種。

相反地，這再次證明了酒液長時間暴露於氧氣之下的魔力。

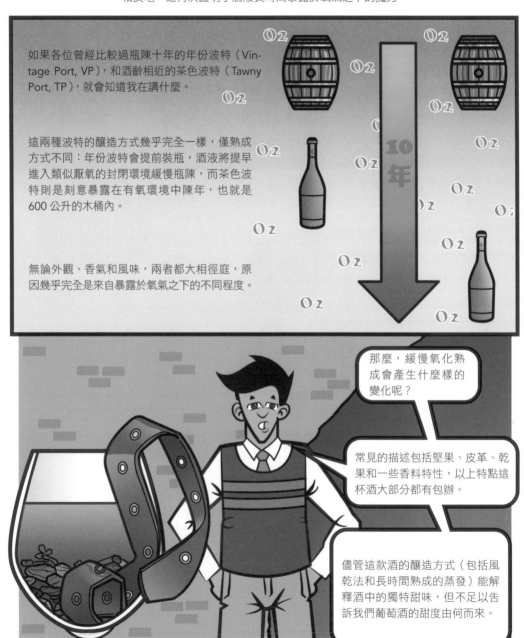

如果各位曾經比較過瓶陳十年的年份波特（Vintage Port, VP），和酒齡相近的茶色波特（Tawny Port, TP），就會知道我在講什麼。

這兩種波特的釀造方式幾乎完全一樣，僅熟成方式不同：年份波特會提前裝瓶，酒液將提早進入類似厭氧的封閉環境緩慢瓶陳，而茶色波特則是刻意暴露在有氧環境中陳年，也就是600 公升的木桶內。

無論外觀、香氣和風味，兩者都大相徑庭，原因幾乎完全是來自暴露於氧氣之下的不同程度。

那麼，緩慢氧化熟成會產生什麼樣的變化呢？

常見的描述包括堅果、皮革、乾果和一些香料特性，以上特點這杯酒大部分都有包辦。

儘管這款酒的釀造方式（包括風乾法和長時間熟成的蒸發）能解釋酒中的獨特甜味，但不足以告訴我們葡萄酒的甜度由何而來。

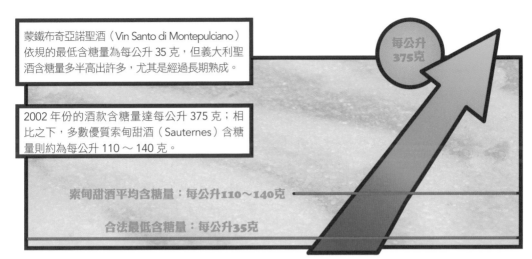

蒙鐵布奇亞諾聖酒（Vin Santo di Montepulciano）依規的最低含糖量為每公升 35 克，但義大利聖酒含糖量多半高出許多，尤其是經過長期熟成。

2002 年份的酒款含糖量達每公升 375 克；相比之下，多數優質索甸甜酒（Sauternes）含糖量則約為每公升 110 ～ 140 克。

每公升 375克

索甸甜酒平均含糖量：每公升110～140克

合法最低含糖量：每公升35克

最後，提醒各位讀者，由於這類酒款產量受限，市面可能找不到 2002 年份酒款。

但別擔心，就如同任何高品質的葡萄酒，這款酒的每個年份理應有所不同，畢竟葡萄酒不僅受產地影響，也受特定年份的影響。

不過這款酒幾乎每一個年份，都一定擁有穩定且一致的高品質表現。

其實，為了確保這款酒每一年份都穩定一致，酒莊會使用前一批發酵葡萄酒的酵母，在新一批即將發酵的果汁中「播種」，這

些酵母稱為「母親」（義大利文為 madre）。酒莊會在清空每一個木桶時採集酵母「母親」，並用於下一批剛壓榨完的葡萄渣內。

其實與酸麵團或康普茶的製作過程有異曲同工之妙，也代表兩批不同葡萄酒之間有相當直接的生物聯結；這也是高品質酒款的特質。

托斯卡納推薦酒單

本書的推薦酒款,都是我認為足以作為品種和地區的代表,而非特定法定產區。我不認為義大利葡萄酒法規(IGT、DOC 或 DOCG)所定義的葡萄酒是消費者尋求優質酒款的主要考慮。本書所有推薦酒款都只是推薦,既非最詳盡徹底,也不應視為終極清單。誠摯希望這些酒款在各位打算點綴下一次社交活動時,能提供一些方向指引。最終,各位都將自行發掘最能讓自己興奮的釀酒人與產區。

第 1 杯:奇揚替(或往北一點的產區)的山吉歐維樹

1. Marchese Antinori, Tignanello, Toscana IGT, €€€€€+
2. Barone Ricasoli, Brolio Riserva, Chianti Classico, €€€
3. Tenuta di Bibbiano, Chianti Classico, €€
4. Fontodi, Chianti Classico, €€
5. Piaggia, Carmignano Riserva, €€€
6. Fattoria Selvapiana, Chianti Rufina, €€
7. Val delle Corti, Chianti Classico, €€
8. Castello di Volpaia, Chianti Classico Riserva, €€€
9. Monteraponi, Baron Ugo, Toscana IGT, €€€€€
10. Montevertine, Toscana IGT, €€€

第 2 杯:Vernaccia de San Gimignano

1. Tenuta le Calcinaie, €€
2. Vincenzo Cesani, Sanice Riserva, €€
3. Il Colombaio di Santa Chiara, Albereta Riserva, €€€
4. La Lastra, €€
5. Panizzi, Vina Santa Margherita, €€

第 3 杯:卡本內弗朗與卡本內弗朗混調

1. Giovanni Chiappini, Lienà Cabernet Franc, Toscana IGT, €€€€€+
2. Vignamaggio, Cabernet Franc, Toscana IGT, €€€€€
3. Orma, Orma, Toscana IGT, €€€€€
4. Batzella, Cabernet Franc Vox Loci, Toscana IGT, €€€
5. Le Macchiole, Paleo, Toscana IGT, €€€€€+
6. Querciabella, Turpino, Toscana IGT, €€€

第 4 杯:托斯卡納南部:蒙塔奇諾布魯內洛(Brunello di Montalcino)與蒙鐵布奇亞諾貴族之酒(Vino Nobile di Montepulciano)

1. Fattoi, Brunello di Montalcino, €€€€
2. Fuligni, Brunello di Montalcino, €€€€€
3. Sesti, Brunello di Montalcino, €€€€
4. Il Poggione, Brunello di Montalcino, €€€
5. Stella di Campalto, Brunello di Montalcino Riserva, €€€€€+
6. Biondi Santi, Brunello di Montalcino, €€€€€+
7. Poggio di Sotto, Brunello di Montalcino, €€€€€+
8. Bindella, I Quadri, Vino Nobile di Montepulciano, €€€
9. Poliziano, Ansinone, Vino Nobile di Montepulciano, €€€€€
10. Tenuta Valdipiatta, Vino Nobile di Montepulciano, €€

第 5 杯:義大利聖酒

1. sole e Olena, Vin Santo del Chianti Classico (375ml), €€€€
2. Tenuta di Capezzana, Vin Santo di Carmignano Riserva (375ml), €€€€
3. Barone Ricasoli, Castello di Brolio, Vin Santo del Chianti Classico (500ml), €€€€
4. Villa Artimino, Vin Santo di Carmignano Occhio di Pernice (375ml), €€€€

翁布里亞 Umbria

待嚐美酒

6. Arnaldo Caprai, Collepiano, 2010, Montefalco Sagrantino DOCG, €€€

Arnaldo Caprai, Collepiano, 2010, Montefalco Sagrantino DOCG, €€€

我們再一次往東行駛，幸運的是，從 Avignonesi 酒莊到下一個目的地，沿途如同多數義大利的美景，同樣美麗且令人嚮往。

蒙特布齊亞諾
特拉西美諾湖 (Lake Trasimeno)
佩魯加 (Perugia)
亞夕西 (Assisi)
蒙塔奇諾
SR2 公路
E3S 公路
SS75 公路
Arnaldo Caprai 酒莊

過了翁布里亞邊界後，第一個值得注意的美景想必是特拉西美諾湖。除了滋養北義倫巴底大區的兩座大湖之外，義大利再也找不到比特拉西美諾湖更雄偉的湖泊。

靠近目的地時，左側可以看到翁布里亞首府佩魯加，緊接著是義大利最受尊敬的聖人方濟各出生地亞夕西。

ARNALDO CAPRAI　ARNALDO CAPRAI

再經過半小時的車程，便會穿過守護著下一杯酒的酒莊大門：Arnaldo Caprai。

Sniff 的品飲筆記

我在 2017 年夏季第一次品嘗到這款酒，當時距離葡萄採收裝瓶後已有七年，酒色卻依然呈現濃厚的深紅寶石色澤。香氣有溫暖的泥土和煙燻氣味，加上薩甘丁諾（Sagrantino）品種特有的深色果香，如黑櫻桃、黑莓與李香，另外稍稍帶有一絲乾燥地中海香料香草氣味，融合了所有香氣，讓飲者在品嘗酒款之前已開始想到食物。入口後，那渴望富含蛋白質或脂肪等美食的想法繼續攀升。這款酒最明顯的結構要屬濃厚且頗具深度的單寧，包覆口腔的單寧企圖贏得飲者的注意力。雖不若卡本內蘇維濃的單寧具有細顆粒的質地（反之較為厚實，較少顆粒質地），卻也不至於粗糙。入喉時，可以感受到酒精為喉嚨後段帶來溫熱的感覺，像是正在熱情地「告別」。至於酒液輕快的酸度，則成功地消除酒款嘗來疲累或過於濃膩的感受，而顯得輕鬆自如。

解析

品飲筆記

第 6 杯酒的主要特徵來自薩甘丁諾品種。

它是義大利這塊心臟大區特有的原生品種，多見於蒙泰法爾科（Montefalco）小鎮周邊海拔較高的丘陵地。

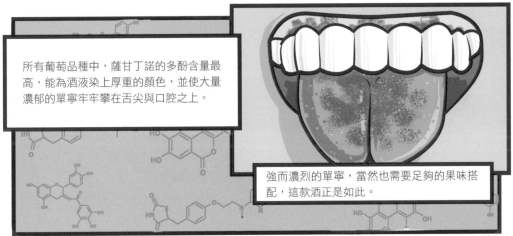

所有葡萄品種中，薩甘丁諾的多酚含量最高，能為酒液染上厚重的顏色，並使大量濃郁的單寧牢牢攀在舌尖與口腔之上。

強而濃烈的單寧，當然也需要足夠的果味搭配，這款酒正是如此。

透過與氧氣相互作用，該品種的單寧質地變得較為柔順，這就是為什麼當地合作社（Consorzio，即特定DOC 或 DOCG 的官方管理機構）指出，蒙泰法爾科的薩甘丁諾必須經過三年熟成，其中至少有十二個月必須培養於酒液能呼吸的橡木桶中。

正如第 3 杯 Duemani 酒莊出色的卡本內弗朗在相對低氧的環境中釀造，使酒款展現令人愉悅和緊緻質地。然而，如果薩甘丁諾也以同樣的方式釀造，則不會成功。

由於薩甘丁諾天生健壯，釀酒人須採用不同的熟成方式，使酒液適量接觸氧氣。唯有如此，才能有效降低該品種龐大的單寧。

完成此目標的必要方式之一就是木桶陳年，身為釀酒師兼酒莊擁有者的 Marco Caprai 以最低法定陳年時間的兩倍熟成「Collepiano」酒款，將薩甘丁諾原本尖銳的口感撫平，像是為磨料拋光一般，就算不是持續不滅的光芒，至少也已是令人滿意的閃亮。

為確保風味和單寧達到可馴服的成熟程度，薩甘丁諾的採收日期通常較晚。

一般來説，可能要到十月的第一週，才終於採下最後的果串。隨著採收時間延後，葡萄不只會展現風味與單寧的成熟，糖分也會跟著提高。

OCT 1

14.5%

糖分會在發酵過程轉化為酒精。此產區釀出的薩甘丁諾品種紅酒，酒精濃度通常會超過14%，我們的這杯酒則是14.5%。

這杯酒入喉前嘗到的灼熱感，正是源於酒精。即使如此，這款酒絲毫沒有因為強勁的力道而失去均衡，因為酒款同時也透著非常新鮮的酸度，有助於維持精瘦拳擊手一般的體態；比較像是體型精實的阿里（Muhammed Ali），而非更加粗壯的「大喬治」福爾曼（George Foreman）。

這款酒的酸度到底從哪兒來？毫無疑問地，便是源自薩甘丁諾的品種特色。無論哪一種層面而言，它都稱得上是一種全力以赴的品種，盡其所能地給予最多，包括酒色、果味、單寧、酒精濃度與酸度。

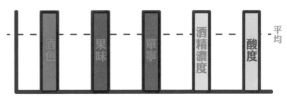

這樣的酸度也反應了氣候。我們在前言提到幾乎每一個義大利半島的產區都受到潮濕的地中海型氣候影響。但位於義大利中部和南部的翁布里亞，卻因位處內陸，而以大陸型氣候為主。

由於空氣水分較少，無法儲存夏季白天的熱能，蒙泰法爾科的夜晚因此較為涼爽，有助於形成較大的日夜溫差，進而保留果香和尖銳的酸度（正如同已經看過與之後一再出現的許多例子）。

最後，別忘了這對釀酒父子檔（創立酒莊的 Arnaldo Caprai 與如今已繼承的 Marco Caprai）所扮演的角色，也別忘了薩甘丁諾和葡萄酒產區蒙泰法爾科，在在都致力以永續與卓越的目標，釀造最棒的葡萄酒。

翁布里亞推薦酒單

第 6 杯：Montefalco Sagrantino

1. Giampaolo Tabarrini, Campo alla Cerqua, € € € €

2. F.lli Pardi, € € €

3. Adanti, Arquata, € € € €

4. Di Filippo, € € € €

馬給 Marche

待嘗美酒
7. Villa Bucci, Riserva 2015, Castelli di Jesi Verdicchio Classico DOCG, €€€

這裡不但是知名藝術家拉斐爾和作曲家羅西尼等名人的家鄉，更以精湛製鞋工藝和文藝復興時期城牆圍繞的烏爾比諾城（Urbino）而出名。馬給能滿足許多千變萬化的觀光娛樂休閒。

不過，別忘了這裡的葡萄酒。

馬給是義大利半島最偉大原生白酒品種之一，維爾帝奇歐（Verdicchio）的原產地。其他值得一提的原生白酒品種包括了阿布魯佐產區的 Trebbiano d'Abruzzese、坎帕尼亞（Campania）的菲亞諾（Fiano），和西西里（Sicilia）的卡里坎特（Carricante）。

所以，等你聽夠了《塞維利亞的理髮師》（Barber of Seville）、飽享文藝復興時期的頂級藝術作品，並欣賞完全球最偉大鞋匠的作品後，請從城鎮進入鄉村，繼續發掘這裡遍山遍野的怡人葡萄酒莊。

Villa Bucci, Riserva 2015, Castelli di Jesi Verdicchio Classico DOCG, €€

葡萄酒世界充滿了心地善良的人。

能與熱愛品嘗的三五好友共享美食、分享葡萄酒帶來的歡樂，並一同腳踏實地地種植葡萄，實在非常吸引人。

只要與Ampelio Bucci酒莊八十幾歲的同名創辦人聊過，這樣的意象就會栩栩如生地出現。

Ampelio 擁有維爾帝奇歐教父美譽，一手打造義大利最偉大的白酒之一「Villa Bucci Riserva」。人們常常以為他的個性嚴肅，但其實Ampelio 彬彬有禮、深具魅力、幽默風趣且十分令人著迷。

接下來介紹的這杯酒首度釀造於 1983 年，同時也是義大利指標性酒款。我偶爾會因為在本書介紹傑出且昂貴的名酒而感到掙扎，不過，Ampelio 最頂級的酒款價格通常不會超過布根地（Burgundy）的村莊級白酒。這確實是性價比極高且難能可貴的美釀。

Sniff 的品飲筆記

香氣略顯內斂，對於想要積極一探杯中美味的飲者們，這款酒最初只展現黃蘋果、梨、洋甘菊的草本調性，以及些許未成熟的鳳梨香氣。讓酒液在杯中多停留一些時間後，會發現它越漸芬芳，散發出蜂蠟、榲桲和茴香的溫暖氣息。 雖然香氣已經非常吸引人，但唯有在舌頭輕觸葡萄酒之時，才能真正體會它的活力。這款酒酸度明亮、爽脆，酒款質地寬廣且略帶乳脂觸感，即使入喉後，口腔依舊滿是濃郁的芬香。其既內斂又濃郁的風味，無疑是許多頂級義大利葡萄酒的共同特性之一。

解析

品飲筆記

讓我們從「既內斂又濃郁」的風味開始討論吧，什麼會讓葡萄酒產生久久不散的風味呢？

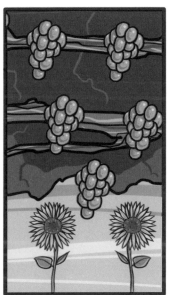

當 Ampelio 開始在自家種植小麥、向日葵、橄欖與葡萄的農場裡釀造葡萄酒時，他決定嘗試以降低產率的方式，看看會對酒款的品質形成什麼影響。

Ampelio 在與一位布根地朋友聊過之後，選擇了此方式，我在撰寫本書之際，也從許多釀酒人聽到類似的感想。

限制葡萄樹生長或將能量引導至數量較少的果串上，似乎可以放大酒款的「品質」，也就是強化葡萄的風味濃郁、酸度和質地。

Castelli di Jesi 產區依法每公頃最多種植 140 公擔（每公擔 100 公斤），即每公頃約可釀造 10,000 公升的果汁。

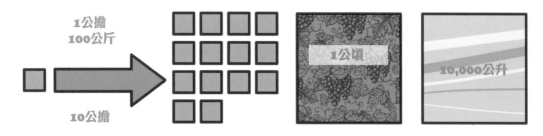

1公擔
100公斤

10公擔

1公頃

10,000公升

這代表什麼？

不管是在世界哪個角落，這般高產率都很難產出優質葡萄酒（因為果汁稀釋程度太高）。

因此，Ampelio 將自家葡萄園產率砍半，一路降至每公頃 70 公擔，另外再加上酒莊於 1990 年代改行有機耕作，他發現這兩個原因大大影響了葡萄的品質。

1公頃
以有機
耕作

其他直接影響酒款品質的原因，則包括酒莊主人具備混調眾多優質葡萄園酒款的傑出能力，能有此成果的部分原因，是他選擇底土為黏土、上覆石灰岩質土壤的葡萄園。

這樣的土壤不但擁有良好排水功能，又能提供深處紮根的葡萄樹「剛剛好」的水分。恰如其分的水量有助於避免葡萄樹缺水，同時又能抑制葡萄樹拚命生長綠色枝葉而不結果實（我們接下來會更詳細地討論土壤）。

儘管 Ampelio 的目標是讓酒款表現該年份的特性，但他對於釀造酒精濃度 14% 以上的酒款興致缺缺，他認為這會導致酒體不平衡。

14%

酒精濃度

因此，酒莊傾向在溫暖年份使用更多較涼爽地塊的葡萄，協助維持風味平衡和優雅的個性。

例如，2015 年沒有明顯的極端氣溫：

因此該酒款中，58% 的葡萄選用酒莊最古老的 Montefiore 葡萄園（平均樹齡約 65 歲，海拔 240～260 公尺），該園鄰近小而美的 Serra d'Conti 鎮。

另外，29.5% 的葡萄來自 Belluccio 葡萄園（平均樹齡 40 年，海拔 350 公尺），位於 Montecarrotto 鎮外不遠處。

最終，還有 12.5% 的葡萄源自酒莊的 Bando 葡萄園（平均樹齡 25 年，海拔 200～220 公尺），同樣位於 Serra d'Conti 鎮外。

維爾帝奇歐理應散發著滿滿的能量，這是該品種天生的高酸度使然，也是此貴族品種的基本特色之一。

雖然這種酒的果味多半較為青澀，草本調性也更鮮明，但隨著時間拉長，便能從仍頗為年輕的酒款中，嘗到另有蜂蜜、榅桲和蜂蠟的香氣。

待瓶陳更久後，會發現其成熟曲線近似世上最偉大的麗絲玲（Riesling）白酒；酒款會發展出類似柴油的「礦物」調性、石油與／或類似岩石頭般的美好風味。而且，我相信只要耐心等待，時間肯定會再增添酒款的魅力。

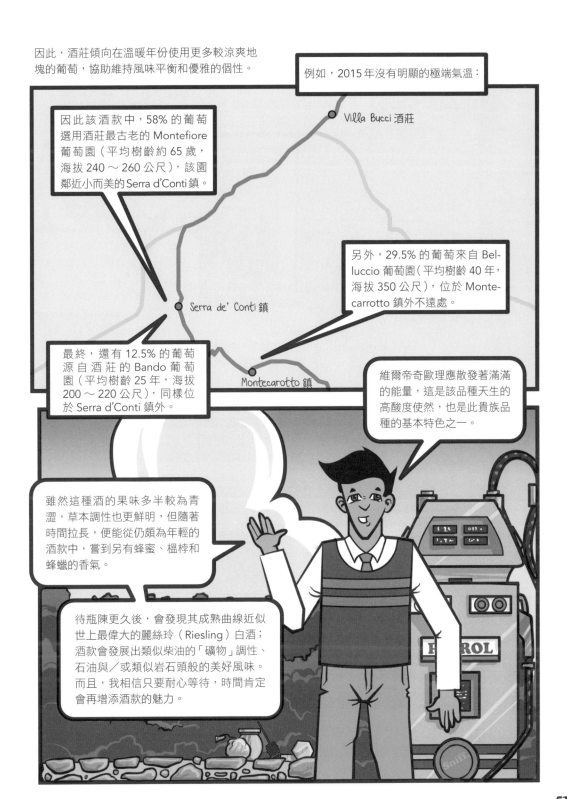

以這款知名葡萄酒而言，各位可能會發現其中竟然沒有明顯的桶味（意即沒有全新橡木桶所帶來的香草風味）。我認為這是優點，葡萄酒能因此更顯清透澄澈，更能真實反映品種特性。

但他們確實有使用橡木桶，只是採用非常老舊且容量極大（5,000 或 7,500 公升）的木桶；這些斯洛維尼亞桶（botti）是

酒莊珍貴的「家具」。以老橡木桶培養葡萄酒，有助於酒液以非常緩慢的速度成熟，因為木桶內壁僅會產生少量的微氧化，酒液因此能發展一些新鮮果味以外的調性。

酒款的成熟期持續至少十二個月。在此期間，由於和酵母渣一同培養，酒液會逐漸培養出更明顯的質地與乳脂般的口感。

裝瓶後，Ampelio 會再讓酒液繼續於酒窖瓶陳至少一年。我相信如果可行，他會想要酒款在上市之前陳放更長的時間。

然而，其所面臨的問題和許多知名釀酒業者相同，也就是必須滿足市場的即刻需求。不論他的客戶有多麼忠誠，他一貫的品質保證，也讓許多愛好者並不經常能發揮耐心的美德。

馬給推薦酒單

第 7 杯：Verdicchio

1. Tenuta di Tavignano, Misco, Verdicchio dei Castelli di Jesi Classico Superiore, € € €

2. CasalFarneto, Criso Riserva, Castelli di Jesi Verdicchio Classico, € €

3. Sparapani – Frati Bianchi, Il Priore, Verdicchio dei Castelli di Jesi Classico Superiore, € €

4. Marotti Campi, Salmariano Riserva, Castelli di Jesi Verdicchio Classico, € €

5. Belisario, Vigneti B, Verdicchio di Matelica, € €

6. Collestefano, Verdicchio di Matelica, € €

艾米里亞－羅馬涅
Emilia-Romagna

8

待嘗美酒
8. Vigneto Cialdini, 2017 Lambrusco Grasparossa di Castelvetro
DOC Frizzante Secco,€€

Vigneto Cialdini, 2017（建議找最年輕的年份），Lambrusco Grasparossa di Castelvetro DOC, Frizzante Secco, €€

許多義大利人會告訴你，想了解義大利美食的深度、廣度與豐富性，最重要的地區莫過於艾米里亞─羅馬涅。

艾米里亞─羅馬涅

A13 公路

A35 公路

Castelvetro 酒莊 ◎　◎ 波隆納

A35 公路　A1F 公路

綠色的碎開心果與白色的塊狀豬肉脂肪點綴著粉紅色香腸肉團，讓義式豬肉腸不只美味可口，還是餐盤上最美麗的餐點。

這裡是巴薩米克醋（Balsamic）、帕瑪森起士（Parmesan cheese）、帕瑪火腿和義大利餃（tortellini）的發源地，當然還有我最愛的粉紅色、圓滾滾，以及和大腿直徑差不多的義式豬肉腸（Mortadella）。

正如你所想，當地人很需要葡萄酒陪襯並平衡這些豐富、濃郁的美食。不過，當地卻沒有可稱為巨星的葡萄酒。

艾米里亞─羅馬涅不似托斯卡納擁有古典奇揚替，也不像西西里島有埃特納（Etna）紅酒。這裡釀產了許多葡萄酒，但卻沒有一款是可以輕易矇瓶試飲便認出的當地酒款⋯⋯ 除了一種。

這裡只有一款葡萄酒（或說是一種酒類），聞名全世界（或臭名昭彰？）那便是藍布魯斯科（Lambrusco）。雖然滿是粉紅泡泡和漿果魅力，藍布魯斯科卻有點像止痛藥。所以，想必本書不會介紹這類酒款囉？

嗯，倒也不見得⋯⋯

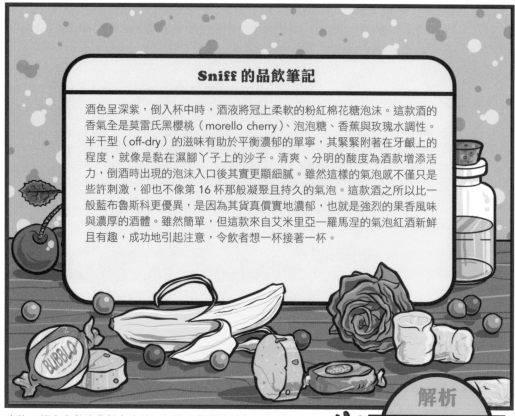

Sniff 的品飲筆記

酒色呈深紫，倒入杯中時，酒液將冠上柔軟的粉紅棉花糖泡沫。這款酒的香氣全是莫雷氏黑櫻桃（morello cherry）、泡泡糖、香蕉與玫瑰水調性。半干型（off-dry）的滋味有助於平衡濃郁的單寧，其緊緊附著在牙齦上的程度，就像是黏在濕腳丫子上的沙子。清爽、分明的酸度為酒款增添活力，倒酒時出現的泡沫入口後其實更顯細膩。雖然這樣的氣泡感不僅只是些許刺激，卻也不像第 16 杯那般凝聚且持久的氣泡。這款酒之所以比一般藍布魯斯科更優異，是因為其貨真價實地濃郁，也就是強烈的果香風味與濃厚的酒體。雖然簡單，但這款來自艾米里亞—羅馬涅的氣泡紅酒新鮮且有趣，成功地引起注意，令飲者想一杯接著一杯。

也許，絕大多數的我們多少都已經嘗過帶甜的藍布魯斯科，只是可能不知道杯中的酒液來自哪一種藍布魯斯科葡萄。不過，這也無妨。

解析

品飲筆記

畢竟，多數藍布魯斯科酒款都只貼上了同名酒標，而這個字詞在義大利文中代表的其實是「野葡萄」。

這些曾經「野生」的葡萄，如今想必都已馴化並進駐葡萄園。雖然這些都屬於歐洲種葡萄（vitis vinifera，本書所有葡萄品種皆是歐洲種葡萄），但品種並非皆相同。

別擔心，各位千萬不要因此感到困惑。

這些葡萄品種的關係，就有如下班搭公車回家的路上，你和隔壁乘客之間的關係，

又像是住在你家隔壁、彼此共享一牆兩面的鄰居一般；

你們都屬於同一個物種，卻又都獨一無二。

 同理可證，將此地稱為家鄉的藍布魯斯科品種，也都是這般的關係。

最著名的藍布魯斯科品種可說是色澤較淺、風味較細膩的 Lambrusco di Sorbara，最常見的則是 Lambrusco Salamino，但我想討論的是我最鍾愛的一種，即個性鮮明的 Lambrusco Grasparossa。

Grasparossa 的家鄉位於莫德納（Modena）南部綿延起伏的丘陵，尤其是以卡斯特維卓（Castelvetro）小鎮為中心，一座座向外擴散且令人印象深刻的小巧葡萄園。

Grasparossa 最明顯易辨的特徵是深濃的酒色與大量的單寧。

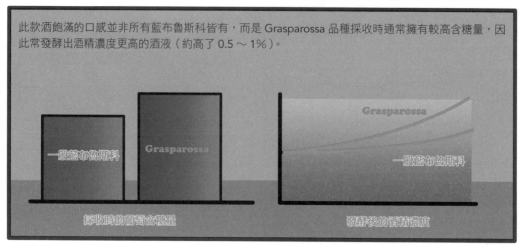

此款酒飽滿的口感並非所有藍布魯斯科皆有，而是 Grasparossa 品種採收時通常擁有較高含糖量，因此常發酵出酒精濃度更高的酒液（約高了 0.5～1%）。

一般藍布魯斯科　Grasparossa

Grasparossa　一般藍布魯斯科

採收時的葡萄含糖量　　　　　發酵後的酒精濃度

一部分須歸功於該品種的特色，但同時也反映了酒莊對於產率的控制。此外，由於大多數的 Grasparossa 都種植於坡地上，所受到的日照更多，因此也更加成熟。

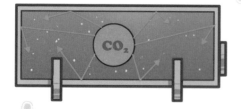

CO_2

這杯酒之所以擁有氣泡，是由於在密閉槽完成酒精發酵，至於酒精發酵過程的副產物二氧化碳（CO_2），則是酵母大啖果汁中的糖分而產生。

當酒液入口後，各位可能會發現氣泡不太緊密，而且似乎比起書中其他氣泡酒的氣泡更快消逝。

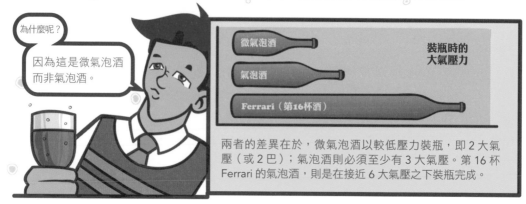

為什麼呢？

因為這是微氣泡酒而非氣泡酒。

微氣泡酒

氣泡酒

Ferrari（第16杯酒）

裝瓶時的大氣壓力

兩者的差異在於，微氣泡酒以較低壓力裝瓶，即 2 大氣壓（或 2 巴）；氣泡酒則必須至少有 3 大氣壓。第 16 杯 Ferrari 的氣泡酒，則是在接近 6 大氣壓之下裝瓶完成。

而且這杯酒是全然的水果風味，沒有任何酵母自溶（autolytic）的特性，也就是酒液與死去的酵母渣長時間接觸後，產生的麵包或餅乾香氣。

因為這款酒沒有長時間與酵母渣接觸，而是在短短一年內（這款酒是 2017 年份）便裝瓶，讓酒款能盡情發揮莓果和櫻桃風味。

這類葡萄酒的釀造目的，不是要花上數年躲在酒架後方收集灰塵；倘若各位堅持這麼做，可能會發現成熟度並不一定會隨著酒齡的增長而上升。

建議各位喝一杯手邊找得到的最年輕藍布魯斯科，然後與我們剛剛提到的義式豬肉腸或帕馬火腿薄片一起享用。畢竟，脂肪與泡沫堪稱最完美的搭配。

艾米里亞─羅馬涅推薦酒單

第 8 杯：藍布魯斯科

1. Vigneto Saetti, Salamino di Santa Croce, Rosso Viola IGP, € €

2. Cavicchioli, Vigna del Cristo, Lambrusco di Sorbara, € €

3. Fattoria Moretto, Monovitigno, Lambrusco di Castelvetro secco, € €

4. Zucchi, Rito, Lambrusco di Sorbara Secco, € €

唯內多 The Veneto

待嚐美酒

9. Giuseppe Quintarelli, Valpolicella Classico Superiore
   DOC, 2011, €€€€€+
10. Coffele, 'Ca Visco', Soave Classico DOC, 2017 €€
11. Cartizze, Valdobbiadene Superiore Cartizze DOCG, Dry, 2015, €€€

唯內多

我從未去過迪士尼樂園，但每當想到那兒擁有眾多預先安排好的「系統樂趣」，就讓我興致缺缺。

主題公園的問題在於，一旦進入園區便會自覺有義務維持興奮的心情，但當面對大排長龍、令人掃興的隊伍，以及價格過高、腳掌一般大小的難吃炸熱狗時，實在很難維持超嗨的情緒。

所以，如果各位想體驗人造刺激，不妨將雲霄飛車換成運河，改成航向威尼斯。

這兒也許正在下沉，偶爾還會散發出臭味，而且夏天的聖馬可廣場（St. Mark）常有爆炸般的人潮，不過，那又如何呢？

就讓雙腳領你踏上城裡蜿蜒狹窄的小橋吧！這些橋樑橫跨著支撐城市命脈的眾多水道，沿著安靜的小路蜿蜒而行，直達大城裡人煙稀少的小角落。

近中午時找一家酒吧，點杯 Prosecco 或艾普羅香甜酒（Aperol），再用一大盤蛤蜊義大利麵畫下句點。

如果在吸進最後一顆蛤蜊的最後一滴鹹鮮美味醬汁後，你還是沒能深深為自己的幸運感到滿足，請容我致上歉意，也許相較之下，迪士尼樂園才能為你提供更好的服務。

Giuseppe Quintarelli, 2011, Valpolicella Classico Superiore DOC, €€€€€ +

選擇以「Quintarelli」作為瓦波利切拉（Valpolicella）的代表，我付出了比本書其他酒款更高的代價。

主要還是因為這款酒的價格。

€60

對於我們這些喝慣了一瓶 10～15 歐元瓦波利切拉的飲者而言，可能會難以理解為什麼一瓶能精準反映地區風土的葡萄酒，會要價超過 60 歐元。

關於這一點，我認為像唯內多這般歷史悠久的產區，需要一杯以如此風乾濃縮的葡萄（至少一部分）釀成的酒款，才足具代表性。

義大利稱此過程為風乾法，也是該地區許多著名葡萄酒風格的基礎，包括 Recioto 和 Amarone 酒款。

我也希望這杯酒能證明，該地區可以釀出陳年潛力優異且發人深省的葡萄酒。

有時，某些地區與其葡萄酒風格緊密相連的程度，會讓消費者以為這就是當地某個角落最「真實」或「正確」的葡萄酒個性。以唯內多而言，便是易飲、柔軟、多果味又便宜的瓦波利切拉。

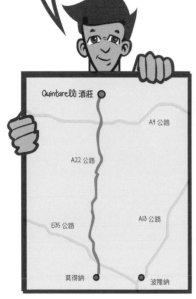

不過，毫無例外地，事實往往複雜得多。

我相信，接下來千字篇幅不只包括「Quintarelli」為何值得出現在本章節，還有為何瓦波利切拉最佳酒款值得與巴羅鏤、蒙塔奇諾布魯內洛與 Taurasi 等 DOC 名釀齊名，而它們為何都堪稱義大利最頂級，也最令人難以忘懷的紅酒。

Sniff 的品飲筆記

我在此杯酒最先嗅到的香氣是櫻桃和李子風味，並伴隨著一絲香料。最初果香背後是紅色與紫色的芬芳花香，不是玫瑰、紫羅蘭或鳶尾花，但十分類似。這款酒展現了一股微妙的泥土或岩石感，即某些人口中的「礦物感」；此外，還有櫻桃乾調性，使我想起一位老友的煙斗。這款酒口感飽滿、溫暖，值得慶幸的是，嘗來依舊清新不沉重，不但鮮美、輕盈，更展現出成熟、滿覆口腔的單寧。餘韻令人折服、持久且充滿自信。太棒了！

解析

品飲筆記

以櫻桃和李子為主要果香，這和釀造瓦波利切拉最優秀、也最主要的品種柯維納（Corvina）有關。

至於花香，可能較不常見，但確實是當地許多優質酒款特有的個性。

土壤、甜美的菸葉，以及溫暖與飽滿的口感則來自風乾葡萄。

讓我們進一步詳細探索風乾葡萄的過程，才能更深入了解瓦波利切拉使用風乾法的方式、原因與步驟。

風乾法

將水果風乾以濃縮風味和糖分的做法,在義大利非常普遍(更多例子請參見第 5、18 與 36 杯),但最常見的仍舊是唯內多。

干型

甜型

受益於風乾法的葡萄酒有甜型也有干型,最著名的例子包括了干型或半干型的 Amarone della Valpolicella 酒款、甜型的紅酒酒款 Recioto della Valpolicella,以及白酒酒款 Recioto di Soave。

風乾法的葡萄通常須先行採收,這與我們的想像不太一樣。

這些往往都是最佳也最健康的果實,因為釀酒業者希望藉由風乾法而濃縮的風味,都是最原始純粹的果味。高品質的果實應能讓葡萄裡正向的元素傳遞至酒液。

在揀選出「Quintarelli」的 Recioto 和 Amarone 旗艦酒款的葡萄果實之後,才會從剩下的果實挑選我們這杯酒的用果,但挑選過程依舊在酒廠進行,以確保酒款的高品質。

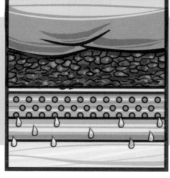

釀造這款瓦波利切拉的葡萄約有一半會經過風乾,另一半則如同製作「普通」紅酒一樣,會再經過壓榨與發酵。

風乾時間的長短，會大大影響酒款的風格。

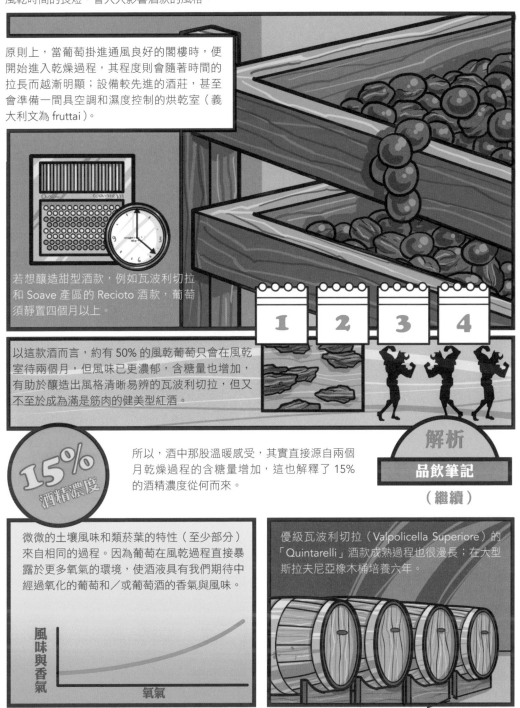

原則上，當葡萄掛進通風良好的閣樓時，便開始進入乾燥過程，其程度則會隨著時間的拉長而越漸明顯；設備較先進的酒莊，甚至會準備一間具空調和濕度控制的烘乾室（義大利文為 fruttai）。

若想釀造甜型酒款，例如瓦波利切拉和 Soave 產區的 Recioto 酒款，葡萄須靜置四個月以上。

以這款酒而言，約有 50% 的風乾葡萄只會在風乾室待兩個月，但風味已更濃郁，含糖量也增加，有助於釀造出風格清晰易辨的瓦波利切拉，但又不至於成為滿是筋肉的健美型紅酒。

所以，酒中那股溫暖感受，其實直接源自兩個月乾燥過程的含糖量增加，這也解釋了 15% 的酒精濃度從何而來。

解析

品飲筆記

（繼續）

微微的土壤風味和類菸葉的特性（至少部分）來自相同的過程。因為葡萄在風乾過程直接暴露於更多氧氣的環境，使酒液具有我們期待中經過氧化的葡萄和／或葡萄酒的香氣與風味。

優級瓦波利切拉（Valpolicella Superiore）的「Quintarelli」酒款成熟過程也很漫長；在大型斯拉夫尼亞橡木桶培養六年。

氧氣再度以某種程度與酒液作用，不僅產生上述的風味和香氣，更有相當細緻的單寧質地，能輕鬆從牙齦和腮內滑落，而不是緊抓著口腔，頑固地等著被唾液沖掉。

鮮美是瓦波利切拉另一個容易被忽略的特點，特別是品質較佳的酒款。

更引起各位注意的可能是酒款的深度和勁道，但其實這些葡萄酒之所以「頂級」，是因為具有能提升口感的豐富酸度，而不是使之失去活力。

最後，酒莊精心挑選葡萄、明智地監控風乾過程、有效率地混調，再加上長時間培養酒液，種種因素造就了深刻而難以抹滅的整體印象。

豐富的經驗和對細節的關注，使 Quintarelli 家族成為義大利最具象徵意義的酒農和釀酒業者之一。

2011 年份也許已是七歲，但在 2018 年六月才裝瓶，其實如同蹣跚學步的嬰兒而已……。這也讓我們回到價格的問題。

任何在上市之前必須經過七年培養，而且還能再進一步成熟十年的酒款，都是難能可貴的稀有珍寶。

這就是為什麼價格居高不下。因此，如果各位的荷包禁得起一點失血，那麼它無疑是值得一探的瓦波利切拉。

GLASS 10

Coffele, 'Ca Visco', 2017, （建議找採收後三至四年）
Soave Classico DOC, €€

對於許多人來說，Soave 產區代表了義大利白酒的許多缺陷：平淡無奇、簡單易飲，也就是喝完即忘的中庸酒品，不具有優雅個性。

若要了解這樣的普遍想法，以及為何如今正緩慢地改變，我們必須回溯到上一代，看看 Soave 產區在過去五十年以來的歷史。

1970 年代，經典區域生產的 Soave 產區酒款以持久的花香、柑橘調性，以及甜美如梨一般的特色而備受愛戴。

然而，隨後出現了葡萄酒業經常發生的情況（不僅在義大利），Soave「品牌」的成功，讓圖利的機會大幅增加。

為了增加產量，可以釀造 Soave 的區域開始擴大。不幸的是，新增的地塊鮮少有能力產出相同高品質的酒款。

因此，儘管產量增加，而且成為義大利主要法定產區之一，Soave 產區卻因此付出了聲名損傷的代價。

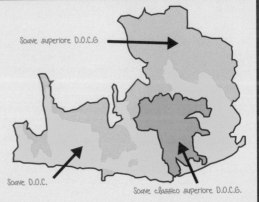

Soave superiore D.O.C.G

Soave D.O.C.

Soave classico superiore D.O.C.G.

幸運的是，對於我們這些口渴的消費者來說，過去二十至二十五年間，法定產區內優質釀酒業者的努力已經開始見到成果，Soave 產區酒款的品質漸佳，其地位也再一次攀升。

畢竟 Soave 產區酒款由義大利最好品種之一的加爾加內加（Garganega）釀成，本來就不該是平淡無奇的酒款。

而且，我也不可能會選擇一款不夠理想的葡萄酒。其實，這款來自 Coffele 家族的酒款，具備所有美酒（包括 Soave 產區酒款）應有的特色：價格適中、風格鮮明，而且清爽怡人。

Sniff 的品飲筆記

略帶花香，具備花苞、梨香、粉紅葡萄柚、桃子與少許薄荷香氣。酒款酸度優良，入口後將分泌大量唾液，有助於維持適中的酒體，同時帶有豐富而少許的顆粒感，以及微妙而柔軟的滋味。入喉後，酒款留下的印象比預期持續的時間更長，既爽口又令人心滿意足。

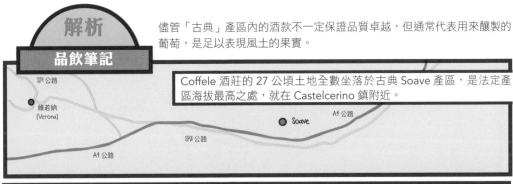

儘管「古典」產區內的酒款不一定保證品質卓越，但通常代表用來釀製的葡萄，是足以表現風土的果實。

Coffele 酒莊的 27 公頃土地全數坐落於古典 Soave 產區，是法定產區海拔最高之處，就在 Castelcerino 鎮附近。

這塊地勢較高的地區，位於鈍齒狀中世紀小鎮 Soave 的北部。

而 Ca Visco Cru（這款酒葡萄果實的家鄉）則位在海拔 400 公尺，是當地最高的葡萄園。

400公尺

此酒款因此擁有足夠酸度，也使 Coffele 酒莊最具代表性的 Soave 產區酒款既優雅又緊緻。

此外，豐滿的質地也為酸度骨架增添了肉感，也許與土壤以及酒莊選用的品種有關。

Soave 產區依法必須使用至少 70% 的加爾加內加釀成，這杯酒則使用了約 75%。

以風格來說，加爾加內加釀成的酒款，多半帶有偏綠的果味和清爽的調性，因此我們能在酒中嘗到梨香和柑橘風味。

當加爾加內加種植在 Cas-telcerino 鎮周圍的石灰岩質土壤時，這些特徵將會被放大。

不過，酒中的豐滿質地從何而來？

原來，這杯酒另有 25% 的果實來自 Trebbiano di Soave；雖然義大利種植最廣泛的「崔比亞諾」是不甚有趣且風格中性的 Trebbiano Toscano，但在 Soave 產區較優質的崔比亞諾品種卻可說是古老加爾加內加最理想的陪襯。

但是，在很多情況下，葡萄酒的訊息必須透過清澈響亮且最純淨風格的酒款，才能成功傳遞。而 Coffele 酒莊的「Ca Visco」就是如此純澈的酒款之一。

Bisol, Cartizze, dry, 2015, Valdobbiadene Superiore DOCG, €€€

離開了 Soave 產區與偉大釀酒品種加爾加內加的故鄉之後，我們朝東北方前進，與另一個獲得國際讚譽的品種格雷拉（Glera）會合。

被視為 Prosecco 產區代名詞的格雷拉品種，是全義最受歡迎氣泡酒的幕後功臣。

絕大多數的 Prosecco 產區酒款價位相對便宜，多是受大眾喜愛的微干型（extra-dry）風格為主，雖然帶了一點讓人感到困惑的甜味。

不過，選出一款代表 Prosecco 產區傳統心臟地帶的酒款，對本書而言依舊非常重要，因能藉此彰顯最好地塊和釀酒業者能夠端出的品質。

為此，我們必須前往瓦多必雅得（Valdobbiadene）小鎮周圍的坡地葡萄園一探究竟，尤其是一處名為 Cartizze 的葡萄園。

Sniff 的品飲筆記

剛倒入杯中，便馬上可以在氣泡消散處的數公分內，感受到這款酒的氣泡熱情地傳遞著香氣。其主要香氣包括了桃子、梨子、黃花與糖漬扁桃仁等，而這些明顯的花果香也在入口後再度出現。口中的細小氣泡（或軟綿如慕斯一般）與爽脆的酸度，為酒款帶來活力，酸度則支撐起以果味為主的酒款風格，因此更顯清新。這款酒略微帶甜，但絲毫不顯黏膩。整體而言，是一款清爽、高雅的氣泡酒，雖然表現直接，但風味濃郁，因而從其他較平淡無奇的酒款脫穎而出。如果各位想找一款能搭配一碗室溫草莓的葡萄酒，或是適合在溫暖夏日傍晚的開胃酒，不妨把香檳放回冰箱裡，品嘗一杯來自瓦多必雅得最優異的酒款。

解析

品飲筆記

關於這款酒，我們最先注意到的當然就是氣泡，其次是芳香程度，再者才會注意到這款酒沒有第 16 杯的烘烤或餅乾風味。

想了解這些特質為何如此明顯（或缺乏），我們必須重新研究氣泡酒的釀造方式

大槽法

在第 16 杯酒中，我們將描述葡萄酒因為二次發酵與隨後的成熟過程，形成杯中的風格。

又稱為夏馬法（Charmat Method）或 Martinotti 法

但這支「Cartizze」，風格卻大不相同，為什麼呢？

首先是釀酒品種：夏多內（Chardonnay，第 16 杯）是非芳香型品種，而格雷拉則非常芬芳。

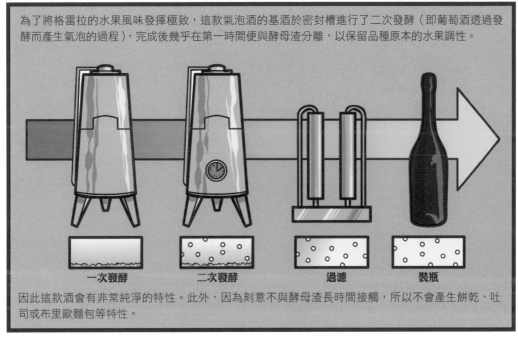

為了將格雷拉的水果風味發揮極致，這款氣泡酒的基酒於密封槽進行了二次發酵（即葡萄酒透過發酵而產生氣泡的過程），完成後幾乎在第一時間便與酵母渣分離，以保留品種原本的水果調性。

一次發酵　　二次發酵　　過濾　　裝瓶

因此這款酒會有非常純淨的特性。此外，因為刻意不與酵母渣長時間接觸，所以不會產生餅乾、吐司或布里歐麵包等特性。

所有葡萄酒產區都可以找到以半芳香或芳香品種釀成的大槽法氣泡酒，包括蜜思嘉（Muscato）、麗絲玲（Riesling）、白蘇維濃（Sauvignon Blanc）。香氣不太明顯的品種，如夏多內、白稍楠（Chenin Blanc）、白皮諾（Pinot Blanc）、薩雷羅（Xarel-lo）與馬卡貝歐（Macabeo）等，則較有可能使用「傳統法」或如同第 16 杯的瓶中二次發酵法製成。

大槽法葡萄酒的釀造成本，通常比「傳統法」或瓶中發酵法釀成的氣泡酒便宜得多，因為大槽法製作較簡單，準備上市銷售的時間也較短。

但是，大槽法氣泡酒的品質因此較差嗎？

確實，它們永遠無法達到最出色傳統氣泡酒的複雜香氣或陳年潛力，但傳統氣泡酒也永遠無法像最優異的大槽法氣泡酒一般，提供令人愉悅的新鮮果味與雪泥般的清爽，所以兩者其實無從比較。

不論何種情況，「最棒」的葡萄酒肯定是你最喜愛、也最負擔得起的酒款，至於其他「最棒」葡萄酒的觀點，無非只是不同的個人想法而已。

解析品飲筆記（繼續）

認識了大槽法如何影響葡萄酒之後，我們也有必要了解 Cartizze 為什麼被視為當地傑出的葡萄園，以及我們是否可透過杯中酒液發現「葡萄園的影響」。

瓦多必雅得
（Valdobbiadene）

科內利亞諾
（Conegliano）

Prosecco 的「古典」產區占地 6,000 公頃，範圍從瓦多必雅得延伸至以東約 30 公里的科內利亞諾。此範圍的酒款都可以冠上優級 Prosecco 保證，品質次佳的 Prosecco 產區酒款不會有這杯酒的成熟果香。

法定產區的名稱。相較之下，Cartizze 葡萄園占地則僅 107 公頃。

Cartizze 葡萄園地勢陡峭且面南，日照非常充足，難怪酒液會展現濃郁的帶核水果調性與花香，使其魅力十足。

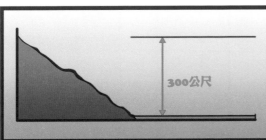

300公尺

Bisol 酒莊坐擁 Cartizze 葡萄園內海拔 300 公尺處的地塊，溫度因此獲得調節，能生產出酸度清爽的葡萄酒。

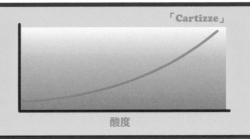

「Cartizze」

一支真正引起人們注意的氣泡酒，少不了高酸度才能提供的活力和風格，而這正是這款酒所具備。

酸度

以上兩個因素，正是這一小塊葡萄園最明顯的風土品質標誌。

歐盟定義的「干型」

殘糖量

每公升17克
(17g/l)

每公升32克
(32g/l)

另外，這款酒如果依照歐盟官方認可的術語，應屬「干型」(dry)。以氣泡酒而言，干型表示酒款每公升的殘糖量約介於 17 ～ 32 克。

以口中嘗到的味道而言，其實頗「甜」。但這款酒中每公升 23 公克的殘糖與酒體完美交融，也是高酸度與糖分成功達到平衡的成果。

這款酒殘糖量帶來的實際甜味影響不大，反倒是能增添並傳遞芳香氣味。。

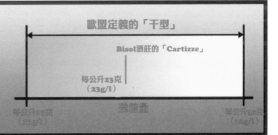

歐盟定義的「干型」

Bisol酒莊的「Cartizze」

每公升23克
(23g/l)

殘糖量

每公升17克
(17g/l)

每公升32克
(32g/l)

但是，為什麼「Cartizze」的酒標常標示為「干型」，而非市場上較為流行的「微干型」？

答案真的是因為它可以。

在這些向南坡地葡萄園獲得的額外成熟度，使葡萄具有更高的含糖量，但釀酒業者的目標並非釀出酒精濃度更高的酒款。因此，當發酵停止後，葡萄酒通常會留有一些多餘的殘糖量（通常會多出 8～12 克，如果徹底發酵，這些糖分會使酒精濃度提高 0.5～1%）。

葡萄的糖分

絕大多數的 Prosecco 酒款

「Cartizze」

多了8～12克糖分

發酵停止

「Cartizze」酒款通常酸度較高，能平衡酒中類似其他微干型酒款的甜度。

最後，讓這款酒如此美味且輕盈的原因，來自適中的酒精濃度（11.5%）與清晰的果香表現，為大多數的飲者帶來絕佳的享受。

唯內多推薦酒單

第 9 杯：柯維納品種為主的干型葡萄酒

1. Allegrini, La Grola, Valpolicella Classico, € €

2. Corte Adami, Valpolicella Superiore, € €

3. Ca' La Bionda, Valpolicella Classico, € €

4. Masi, Campofiorin, Rosso del Veronese, € €

5. Guerrieri Rizzardi, Tacchetto, Bardolino Classico, € €

6. Le Fraghe, Bardolino, € €

7. Vigneti Villabella, Vigna Morlongo, Bardolino Classico, €

8. Dal Forno Romano, Amarone della Valpolicella, € € € € € +

9. Viticoltori Speri, Monte Saint Urbano, Amarone della Valpolicella Classico, € € € € € +

10 .Tenuta Sant' Antonio, Campo del Gigli, Amarone della Valpolicella, € € € € € +

第 10 杯：Soave

1. Inama, Vigneti di Foscarino, Soave Classico, € €

2. Graziano Prà, Staforte, Soave Classico, € €

3. Pieropan, La Rocca, Soave Classico € € €

4. Vicentini Agostino, Il Casale, Soave Superiore, € €

5. Gini, Contrada Salvarenza, Soave Classico, € € €

6. I Campi, Campo Vulcano, Soave Classico, € €

7. Tamellini, Le Bine de Costiola, Soave Classico, € €

8. Suavia, Monte Carbonare, Soave Classico, € €

第 11 杯：Prosecco

1. Carpenè Malvolti, Extra Dry 1868, Conegliano Valdobbiadene, €

2. Adami, Rive di Colbertaldo Vigneto Giardino, Valdobbiadene Dry, € € 3. Merotto, Rive di Col San Martino Cuvée del Fondatore Graziano Moretto, Valdobbiadene Brut, € €

4. Nino Franco, Riva di San Floriano, Valdobbiadene Brut, € €

5. Ruggeri & C., Giustino B., Valdobbiadene Extra Dry, € €

6. Villa Sandi, Vigna la Rivetta, Cartizze Brut, € € €

7. Bortolomiol, Cartizze, € € €

弗里尤利—維內奇朱利亞
Friuli Venezia Giulia

12. Jermann, Pinot Grigio Friuli DOC, 2017, €€

13. Gravner, 'Bianco Breg' 2008, Venezia-Giulia IGT. €€€€€

Jermann, 2017,
Pinot Grigio Friuli DOC, €€

GLASS 12

如果一定要為離開 Bisol 酒莊找個藉口，也許地中海最迷人壯麗的建築城市威尼斯就是個不錯的理由。

弗里尤利 (Friuli)

A27 公路

A28 公路

Bisol 酒莊

A4 公路

稍稍休息，並享受一會兒當地壯觀的文化後，我們的旅程再度開始，向東穿過義大利，進入弗里尤利和下一個目的地 Jermann 酒莊。

隨著我們從海岸逐漸向內陸靠近，土地開始緩慢隆起，低矮的山丘向波紋狀的朱利安阿爾卑斯山（Julian Alps）延伸，並且越來越緊密。這裡正是義大利和斯洛維尼亞的邊界。

1970 年代末至 1990 年代期間，義大利就是在這座小山丘的腹地之內，重新建立了與白酒的密切關係。

在此之前，絕大多數的白酒缺乏個性，表現最差的酒款不但架構鬆散，還經常氧化，完全吸引不到任何飲者。

如今，當地許多具代表性的弗里尤利產區釀酒業者，已經能自稱追求與呈現全新義大利白酒的推手，其中最知名的包括了 Livio Felluga 與 Mario Schiopetto。

不過，說到提高當地白酒品質與標準的幕後功臣，則非 Silvio Jermann 莫屬。

1975

他於 1975 年推出「Vintage Tunina」，成功證實了弗里尤利的白酒也能擠身「頂級」酒款之列，也因此鼓勵了其他釀酒業者開始走向重視品質多於產量的路線。

如果選擇寫「Vintage Tunina」這款酒確實會容易得多，但我對此酒莊的其他單一品種酒款也同樣興致滿滿。這些葡萄酒品質優異且價格親切，其中最值得一提的就是義大利灰皮諾（Pinot Grogio）。

我知道，某些讀者肯定會因為本書竟然將灰皮諾納入討論而稍有反感，但我建議各位最好再給此品種一次機會，因為它一定會讓你留下深刻印象。

義大利灰皮諾空洞的風格，在二十一世紀的前十年左右於西方世界打開知名度（或聲名狼藉）。部分灰皮諾確實可能來自弗里尤利，但我們接下來要討論的酒款，可以說與之完全沒有任何共通之處。

擁有多種高貴氣質與特性的灰皮諾，無疑是偉大品種之一。而在 Jermann 酒莊的詮釋之下，發揮了許多其他灰皮諾酒款無法表達的天生特質。

任何
灰皮諾
我都不要！

Sniff 的品飲筆記

酒款以淡檸檬色為主，再帶點淡淡的粉紅色調。這是一款香氣高雅、清淡芬芳的美酒，像是完全盛開的玫瑰垂下頭時的香氣。滿是玫瑰的香氣也讓我想起了凝膠狀的正方體土耳其軟糖，不只如此，這款酒另有水蜜桃、梨皮與帶點辛辣感的京都水菜或芝麻葉，為原本的花果香氣增添了趣味。和品嘗大多數的葡萄酒相同，儘管香氣吸引人，但真正的決勝點依舊是入口的滋味。這款灰皮諾完美展現了緊緻與過度放縱之間，難以拿捏的空間。酒體有些豐滿，但絲毫沒有腰間贅肉般多餘的肥感。相反地，這款酒的細緻帶鹹酸度，使酒體井然有序，像是維持良好的體態。入喉後，另可感受到清爽而明顯的辛辣感，足以證明這是一支散發著真實自信的灰皮諾。

灰皮諾是深色果皮的品種，採收前經過灰皮諾葡萄園時，可能會以為看到的是一片黑葡萄的園地。

這也是為什麼這杯酒有著淡淡的粉紅色澤。其實，此酒莊喜歡在壓榨葡萄之前，先將剛破皮的果實與汁液一同浸皮二至四小時不等（果皮是色素的來源），接著再壓榨果實，然後將果汁轉移至空桶。難怪這款酒會有淺淡的粉紅酒色。

麝香、玫瑰、桃子、梨和香料調性的結合，正是許多人稱該品種特有的芳香特性；相較之下，如綠葉一般的沙拉葉風味，則較少讓人聯想到灰皮諾調性，但這可能是因為酒莊刻意在葡萄過於成熟之前便採收。

酒液的口感稍具飽滿，但豐郁的感受並不似高酒精濃度所帶來的炙熱。

這樣的飽滿從何而來？

最明顯的原因來自酒莊內的處理。酒莊將發酵後的酒液留在酒渣中，並定期攪拌，確保酒渣維持懸浮狀態，讓死去的酵母細胞分解時釋放的蛋白質融入酒液，增加口感。

另一個可以獲得飽滿口感的原因，則來自葡萄園內。

此酒莊的灰皮諾選自兩個地區，一處位於流經弗里尤利東邊的 Isonzo 河附近，最後沒入特里亞斯特灣（Gulf of Trieste），另一處則是位於 Collio 山。

從與 Jermann 家族交談的過程，可知他們很清楚這些坡地葡萄園能結出比 Isonzo 葡萄園風味更濃郁的果實，不只因為酒莊在坡地葡萄園擁有較老的葡萄樹，結出的果實風味更集中，更是因為這裡以「ponca」土壤為主。

「Ponca」是當地人對科蒙斯複理層（Flysch of Cormons，原本沉積於海洋後來於當地形成的特有土壤）的別稱。

這是主要以泥灰和砂岩交疊而成的沉積土壤。

沒錯，許多這類沉積土壤因易碎而有助於排水，位於山坡時尤其如此，也因此減緩了植物旺盛的生長力。另一個有助於限縮生長力的原因，則是土壤貧瘠，缺乏養分。

所以？

嗯，所以？

雖然這不一定是決定葡萄酒品質的因素，但生長環境受到「控管」或限制的葡萄樹，往往會結出品質更高的果實，適合用於釀造葡萄酒。

我們須記住，藤本植物原是攀爬類型的植物，會希望長得既大又高，盡可能地靠近太陽。因此，當遇上完美的情況（植物種在營養豐富的土壤，又曬得到大量的陽光，以促進光合作用，並獲得溫暖與足夠的雨水等），葡萄樹會把大量的生長力集中生產綠葉，而非果實。

葡萄樹在 Collio 山坡地的生長環境並不理想，因此有助於鼓勵葡萄藤「思考」自身的致死率，並產出優質的後代。此時結出的果實，自然成為一串串風味濃郁的灰皮諾。

酒中的酸度一部分來自沿著 Isonzo 河種植的葡萄。此處的葡萄往往更新鮮，但風味較不濃郁，非常適合用來混調產自 Collio 山區的葡萄。影響酸度的另一個因素，則是義大利東北角不斷吹拂的微風與冷風。

當地人將這股來自東部且特別寒冷的風稱為「Bora」，加上從朱利安阿爾卑斯山向北與東沉降而下的冷空氣，有助於在葡萄園形成日夜溫差大的中型氣候（meso-climate），並得以保留細緻的香氣與清潔味蕾的酸度，在在都讓這款酒令人折服。

這款酒優異的整體品質無疑得因於自然因素，以及 Jermann 家族的釀酒專業與關注細節的態度。

Silvio Jermann 在近半世紀前打造「Tunina」酒款時，鮮少有人會想到此處白酒的命運將經歷如此正向的變化。

如果各位和我一樣讚賞弗里尤利的最佳美酒，那麼，我們都該向 Silvio 和 Jermann 家族深深一鞠躬。他們實在堪稱改變遊戲規則的釀酒業者。

GLASS 13 Gravner, 'Bianco Breg' 2008, Venezia-Giulia IGT, €€€€€

如果 Jermann 酒莊為當代高品質弗里尤利白酒建立標準,那麼 Gravner 酒莊可說是與之相反。

倒也不是 Gravner 酒莊缺乏野心,其無疑如同 Jermann 酒莊一般追求完美,唯一的不同是兩間酒莊用了不同的方式詮釋天堂。

坐落於 Collio 山谷的 Gravner 酒莊,靠近斯洛維尼亞邊境,沿西北方便可進入該地區的主要城鎮:哥里加(Gorizia)。

這裡的品種是全省最常見的葡萄,真正讓 Gravner 酒莊(與其追隨者)與眾不同的,是酒廠裡的製酒方法。

酒莊採用釀酒先驅民族喬治亞人的製法,將「橘酒」(即以紅酒釀造方式製成的白酒)重新引進現代釀酒界。(更多資訊可參考積木文化出版《橘酒時代》)。

Sniff 的品飲筆記

近似錘平銅片的酒色，讓人一眼便知其非比尋常。香氣是多種元素的混合，從可以立即辨認出來的「新鮮」元素，如桃子、薄荷和蒲公英等，到其他如杏桃果醬、麥芽糖、燉橙和烤香蕉等香氣，還有一些不常見的風味，如乾草、番紅花，甚至是靴子拋光劑等。入口滋味和香氣近似，口感寬廣，並具有充滿活力的酸度核心，還佐以恰如其分的單寧骨架，與酒體完美交織，使酒款嘗來具有規模和質地。這無疑是一款酒體飽滿又沒有多餘贅肉的酒，且樂於展現自我，而其持久、有趣又令人深深感到滿足的餘韻，更加深了其自信。

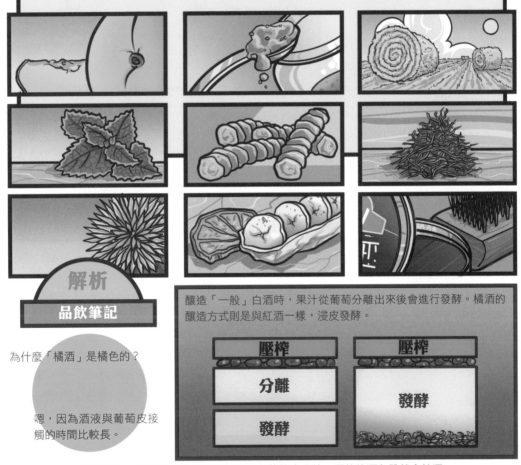

解析

品飲筆記

為什麼「橘酒」是橘色的？

嗯，因為酒液與葡萄皮接觸的時間比較長。

釀造「一般」白酒時，果汁從葡萄分離出來後會進行發酵。橘酒的釀造方式則是與紅酒一樣，浸皮發酵。

壓榨	壓榨
分離	發酵
發酵	

不僅如此，如果發酵後便將年輕白酒與葡萄皮分離，酒款的酒色雖然會較深，卻不會非常深。

反觀 Gravner 酒莊的橘酒「Bianco Breg」，不僅經過浸皮發酵，完成後還繼續浸皮長達六個月。

酒款因此質地豐富，而因為酒精具有類似溶劑的特性，酒液因此會繼續從葡萄皮中溶出更多酒色與單寧，因而與眾不同。

這款酒的單寧質感柔滑而和諧。

一般來說，通常需要一點時間才能讓單寧擺脫原本如甲殼一般銳利的質地，為飲者留下更圓潤、柔軟且更愉悦的體驗。

Gravner 酒莊為了確保旗下酒款有足夠的時間熟成，會在酒液從埋在地底下的發酵用大型喬治亞陶罐（qvevri）取出後，放入舊橡木桶繼續培養六年，磨順如易怒青春期的酒質，讓酒款蛻變成自信的青年。

6 年

關於大型喬治亞陶罐

大型喬治亞陶罐以赤土製成，看起來有點像希臘羅馬時期的雙耳陶罐，但其年代可能要再向前推移數千年。

傳統的做法是將葡萄汁倒進大型喬治亞陶罐後，以蜂蠟密封，再埋入地下進行發酵和儲存葡萄酒。

陶罐的微孔性和舊橡木桶或大桶類似，但埋在地底的陶罐顯然較不易移動。

不過，埋進土裡有助於緩解溫度波動，只要每一年都進行適當的清潔，這些大型陶罐可以繼續正常使用數個世紀之久。

Josko Gravner 於 2000 年去了一趟喬治亞，並帶回他的第一個大型喬治亞陶罐。自此，該酒莊發酵和延長浸皮的首選就都是此容器。

這杯酒使用的品種包括夏多內、白蘇維濃、灰皮諾與威爾許麗絲玲（Welschriesling），但我認為這杯酒多元香氣與使用的品種關連較小，反而多與釀造方式和長時間熟成有關。

夏多內　　　白蘇維濃　　　灰皮諾　　　威爾士麗絲玲

我們也可以從酒中聞到貴腐黴（botrytis）濃烈且獨特的氣味，體驗到變幻莫測的 2008 年份。

2007　　2008

確實，2008 年不但比 2007 年涼爽，雨量還較大，有助於貴腐黴的滋生，進而濃縮果味與提高含糖量（因此有了 15% 的酒精濃度）。酒款擁有貴腐黴經典的蜜桃、橘子、番紅花與鞋油氣味。

15% 酒精濃度

乾草香氣是我經常在陳年白酒嘗到的調性，特別是經過一定程度氧化培養的白酒。

Gravner 酒莊的酒款在桶中熟成了六年，使其有足夠的時間發展出與上述香氣混合的乾草類甜味。

雖然就像我們在本書其他杯酒嘗到的，酒液在口中創造的飽滿感主要來自宏大但完美交融的酒精（尤其是由 Nino Negri 酒莊釀造的第 18 杯風乾法干型紅酒「Sfursat」），但是，貴腐黴也會產生干油，同樣能增加豐滿的口感。

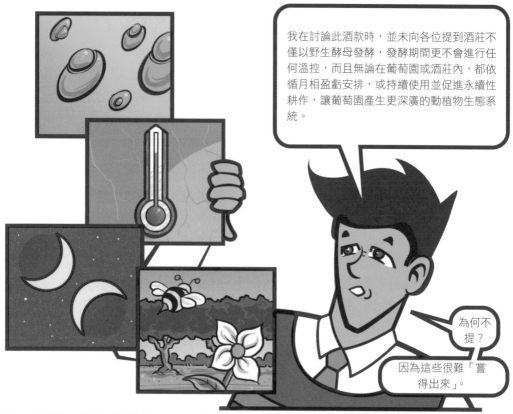

我在討論此酒款時，並未向各位提到酒莊不僅以野生酵母發酵，發酵期間更不會進行任何溫控，而且無論在葡萄園或酒莊內，都依循月相盈虧安排，或持續使用並促進永續性耕作，讓葡萄園產生更深廣的動植物生態系統。

為何不提？

因為這些很難「嘗得出來」。

然而，當喝到一杯如此優質的酒款時，會感受到酒中持久且令人印象深刻的特質，這都是以上描述相當簡短，卻必須費力實踐才有的成果。

如此高水準，以及勇於挑戰並與眾不同的獨特酒款，常常都源自釀酒人試著把事情做「對」，或用「對的方式」做事。

想知道自己是否會喜歡類似 Gravner 酒莊的「橘酒」？很遺憾，我沒辦法回答各位。

不過，我可以告訴各位，我已經品嘗過這類酒款無數次，而且多數人在遇到「橘酒」時，不僅只是驚訝世上竟有這類酒款，更訝異它們多麼怡人，擁有單寧、土壤調性及讓人希望一探究竟的獨特美味。

試試吧！

弗里尤利 維內奇朱利亞推薦酒單

第 12 杯：灰皮諾

1. Lis Neris, Pinot Grigio Gris, Friuli Isonzo, € €

2. Vie di Romans, Dessimis, Friuli Isonzo, € € €

3. Torre Rosazza, Friuli Colli Orientali, € €

4. Russiz Superiore, Collio, € €

5. Perusini, Friuli Colli Orientali, € €

6. Marco Felluga, Mongris Riserva, Collio, € € €

7. Branko, Collio, € €

第 13 杯：橘（浸皮）酒

1. Damijan Podversic, Ribolla Gialla, € € € €

2. Primosic, Ribolla Gialla di Oslavia Riserva, Collio Goriziano, € € €

3. Draga, Pinot Grigio Miklus, Collio, € € €

4. Radikon, Oslavje, € € €

鐵恩提諾－上阿第杰
Trentino Aldo Adige

就像是西北部的奧斯塔谷地（Aosta Valley，參見第 24 杯酒），此處雖然也位於義大利，但是擁有不同文化的半自治區，最常吸引身型姣好、健康且熱愛冒險的人前來。

陡峭的山谷和如鋸齒狀一般的多洛米提山（Dolomites），使這裡具備世界一流的步行和冬季運動，也讓此區成為最優質的旅遊勝地之一。

當地最吸引人之處無疑是遼闊的自然美景，但永續頂級美食與美酒也正欣欣向榮地發展。

此處美食對減輕過度運動的疲憊身軀可以說是大有幫助。

最靠近這裡的機場位於維洛納（Verona），維洛納距離繁華且步調緊湊的特倫托（Trento）以南僅須一小時車程。

特倫托完全可作為探索此區葡萄園的舒適基地，但我其實更偏愛加爾達湖濱，這兒是小鎮兼度假勝地，坐落在同名湖泊的頂端。

各位可以先在如翡翠般的加爾達湖濱縱情休憩幾天，或直接前往特倫托以北四十五分鐘的波爾察諾落腳，這裡是通往奧地利邊界高山谷地最理想的通道。

不但鄰近奧地利，該區過去更有一個德文名稱：南提洛（South Tyrol 或 Sudtirol），反映了奧地利在當地的影響力，以及德文的普遍。當地酒標常同時以義大利文和德語標示，正如我們這款酒。

Markus Prackwieser, Gump Hof, 'Praesulis' Weissburgunder (Pinot Bianco) 2016, Sudtirol/Alto Adige D.O.C. €€

對我而言，撰寫本書最大的樂趣之一，就是為未受重視的釀酒品種發聲。

白皮諾正是這樣的品種。我想，它犯下的最大錯誤，便是不叫做黑皮諾（Pinot Nero）。

相較於不願意提高音量讓人們聽到自己聲音的人，個性外向之人通常比較具有吸引力，也更令人信服。至少短時間內是如此。

世界各地的葡萄品種也是如此。風味與香氣較內斂的品種往往比個性鮮明的品種難以銷售，不過，其實無須如此。

其實，天生內斂的品種也能獲得全球歡迎，最明顯的例子便是夏多內。

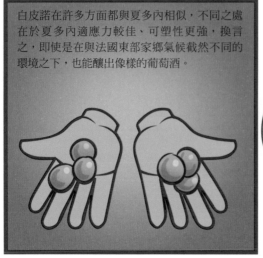

白皮諾在許多方面都與夏多內相似，不同之處在於夏多內適應力較佳、可塑性更強，換言之，即使是在與法國東部家鄉氣候截然不同的環境之下，也能釀出像樣的葡萄酒。

三 J 作者（Jancis、Julia 與 Jose）在葡萄酒巨著《釀酒葡萄》（*Wine Grapes*，暫譯）中將白皮諾描述得相當正確：

「……在對的地點、由對的人釀出的白皮諾，能展現令人咂嘴，同時擁有新鮮口感和豐郁個性的美味佳釀。」

Sniff 的品飲筆記

酒色呈淡檸檬黃，帶有微妙的綠色調，杯壁上黏有一些小氣泡。展現了葡萄柚、檸檬、油桃和大茴香等香氣，再添上一點鹹堅果和白花芳香，增強了酒液的吸引力。口感寬廣、勁道濃郁且相對豐富，充滿自信和濃烈的口感。酸度既清新又充滿活力，為酒款帶來更多新鮮感，餘韻持久，並襯以些許堅果般的苦味，令人想再來一杯。

解析

品飲筆記

雖然絕大多數的品酒筆記都是從描述葡萄酒的外觀開始，但酒色在葡萄酒討論恐怕是最不具有意義的一項觀察。

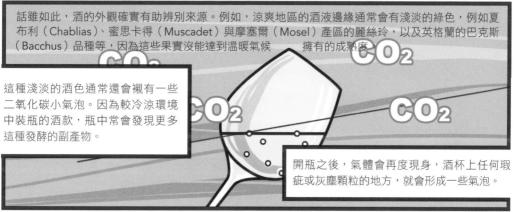

話雖如此，酒的外觀確實有助辨別來源。例如，涼爽地區的酒液邊緣通常會有淺淡的綠色，例如夏布利（Chablias）、蜜思卡得（Muscadet）與摩塞爾（Mosel）產區的麗絲玲，以及英格蘭的巴克斯（Bacchus）品種等，因為這些果實沒能達到溫暖氣候　　擁有的成熟度。

這種淺淡的酒色通常還會襯有一些二氧化碳小氣泡。因為較冷涼環境中裝瓶的酒款，瓶中常會發現更多這種發酵的副產物。

開瓶之後，氣體會再度現身，酒杯上任何瑕疵或灰塵顆粒的地方，就會形成一些氣泡。

此外，少量的二氧化碳也有助於保持葡萄酒的活力，帶給飲者酸度稍高的感覺。

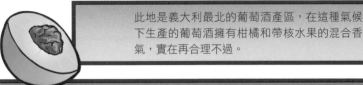

此地是義大利最北的葡萄酒產區，在這種氣候下生產的葡萄酒擁有柑橘和帶核水果的混合香氣，實在再合理不過。

由於葡萄園緊鄰山脈，多洛米提山吹來的冷空氣會使葡萄園在夏季傍晚有效降溫。

明顯的溫差有助於保持果實的酸度，同時減緩成熟速度，我們因此能在釀成的酒液嘗到果香的基調是葡萄柚和檸檬為主。

穿越這片地區時（尤其是靠近加爾達湖濱北端），各位可能會驚訝地發現橄欖樹和刺山柑灌木叢，甚至偶有檸檬樹（記住，這裡可是比波爾多更北的北緯 46 度）。

加爾達湖濱

代表當地擁有異常有益且溫暖的氣候，而這是因為一種從南方吹過加爾達湖濱的暖風「Ora」。

「Ora」暖風為義大利最大湖泊向北延伸的山谷帶來了溫暖，並促進葡萄成熟，使酒款產生了油桃調性。

既冷卻又加熱的混合，即是該地區能生產出風味緊緻卻又濃郁，而且充滿能量的白酒的根本原因。

儘管葡萄品種的天生個性很重要，不過，也許氣候更重要。另外，也不該忽視特定葡萄園的狀況，以及釀酒人的影響。

Gump Hof 酒莊的葡萄園位於海拔400～500公尺的陡峭坡地上。這些坡地坐向朝西南，可以說是獲得最多日照的方位，為酒液帶來成熟、濃郁及純粹水果風味等特質。

莊主兼釀酒師 Markus Prackwieser 以三分之二的不銹鋼槽發酵這款「Praesulis」白皮諾，以保持水果的純度，其餘的三分之一則是在大木桶發酵，以增添葡萄酒質地。

由於酒液曾與酒渣一同培養，因此完美地融合了微微的鹹堅果香。此外，Markus 甚至於裝瓶前再度進行八個月的培養，增添酒體和風味的複雜度。

最終，從長度驚人的餘韻就能得見此杯酒的品質，正如剛剛所引用的「一款令人咂嘴，同時擁有新鮮口感和豐郁個性之間的美味佳釀。」這正是此座理想的高山產區孕育的最優質酒款。

所以，就像人類，葡萄酒也無須拉開嗓門，訊息本身的品質才是最重要的。

GLASS 15

Cantina Terlan, 'Porphyr', Lagrein Riserva 2016, Alto Adige D.O.C. €€€€
（酒款名稱源自葡萄園最主要的土質 Porphyry）

接下來這杯酒以上阿第杰最優異的原生黑葡萄品種勒格瑞（Lagrein）所釀成。就像我，此品種一樣藏不住它的遺傳基因。接下來讓我為各位說分明。

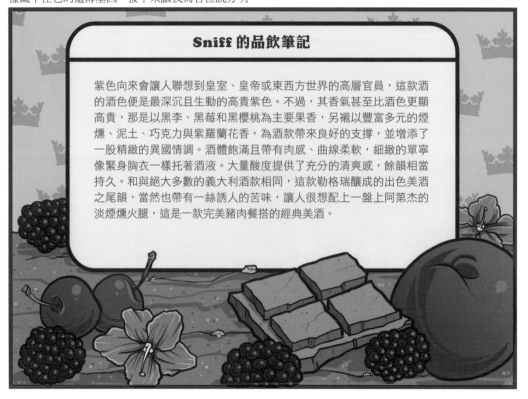

Sniff 的品飲筆記

紫色向來會讓人聯想到皇室、皇帝或東西方世界的高層官員，這款酒的酒色便是最深沉且生動的高貴紫色。不過，其香氣甚至比酒色更顯高貴，那是以黑李、黑莓和黑櫻桃為主要果香，另襯以豐富多元的煙燻、泥土、巧克力與紫羅蘭花香，為酒款帶來良好的支撐，並增添了一股精緻的異國情調。酒體飽滿且帶有肉感、曲線柔軟，細緻的單寧像緊身胸衣一樣托著酒液。大量酸度提供了充分的清爽感，餘韻相當持久。和與絕大多數的義大利酒款相同，這款勒格瑞釀成的出色美酒之尾韻，當然也帶有一絲誘人的苦味，讓人很想配上一盤上阿第杰的淡煙燻火腿，這是一款完美豬肉餐搭的經典美酒。

如前所述，勒格瑞的血統相當高貴，不但是希哈的表親，更是黑皮諾的孫輩。

品飲筆記

```
              ?          黑皮諾

Mondeuse      Dureza          Teroldego      ?
Blanche

      希哈                          勒格瑞
```

絕大多數的飲者都知道，黑皮諾酒款顯少會出現勒格瑞的酒色強度，相較之下，希哈的酒色則堪稱所有品種最深者，勒格瑞也擁有這如墨般的深濃酒色。

勒格瑞與希哈還有其他相似之處，其一是深色水果特性，尤其是黑莓，即北隆河（Rhône）產區招牌品種的常見描述；其二則是內斂的泥土風味，這也是高貴的希哈品種常見的特徵。

此外，黑皮諾帶有紫羅蘭調性的香氣也在這杯酒中迴盪。至於其他方面，勒格瑞似乎再也沒有和黑皮諾與希哈相似之處，特別是單寧結構方面，勒格瑞擁有其特殊的風格和質地。

Cantina Terlan
酒莊合作社
SS508 公路
Gumphof
波爾察諾
SP51 公路
A22 公路

酒中的風味濃郁，無疑源自 Terlano 酒莊合作社的嚴格選果。

我可以保證這個令人印象深刻的合作社之所有酒款，品質都屬上乘，儘管如此，該酒莊其他以勒格瑞釀成的酒款，都比不上這款「Riserva」來得複雜或價格實惠。

合作社選擇各葡萄園中樹齡最老、品質最佳的葡萄樹果實，其中許多葡萄樹已經快要高達百歲高齡。

上阿第杰以生產美味白酒而聞名，例如第 14 杯的白皮諾、全義最優質的白蘇維濃、夏多內、灰皮諾及格烏茲塔明娜（Gewurztraminer）。

波爾察諾位於盆地或「盆狀葡萄園」（conca）內，周圍的丘陵和山脈會將熱氣困在其內而不易散去，鄰近的葡萄園成為種植成熟且含糖量高品種的理想地區，這些酒款多展現酒體飽滿、寬郁的風格。

這杯酒具有巧克力、煙燻和甘草的甜美誘人香氣。

正如本系列所有書籍（以及本書）曾聊到的，橡木味（尤其是新橡木桶），不僅使酒液透過木材產生微氧化作用，更會賦予酒款風味。

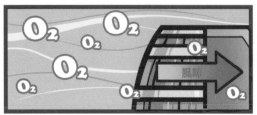

為了釀出如這款勒格瑞一般成熟且豐郁的紅酒，須在海拔較低、能獲得最大日照量、以及環境溫暖的產區。

勒格瑞是晚熟品種，因此種植此品種的產區入秋之後依舊必須擁有足夠的熱度，才能使該品種成熟。

部分香氣可能來自天生芳香的勒格瑞，但大部分香氣則從在高品質小橡木桶中培養十八個月而產生。

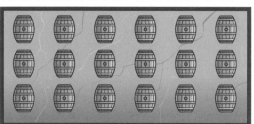

Cantina Terlan 酒莊合作社的釀酒師為了端出足具酒體與複雜度的美酒，使用了三分之一的全新橡木桶培養這款旗艦等級的勒格瑞。

勒格瑞也許擁有值得驕傲的族譜，基因遺傳也確實成功地幫了它一把。不過，勒格瑞本身也有許多令人稱羨的特質，「Porphyr」酒款正是展現此古老品種潛力的傑出代表。

GLASS 16

Ferrari, Perlé Nero Riserva 2010, Extra Brut, Trento DOC（常拼為 Trentodoc）, €€€€€

對於許多非義大利籍的人而言，「法拉利」（Ferrari）一詞往往令人聯想起躍騰的馬、紅色，以及刺耳的機械轟鳴聲（彷彿是連褲檔內都感受得到的刺激）。

Enzo 也許成功將法拉利打造為全球知名品牌，但卻不是第一個使用「法拉利」之名的人。早在 1902 年，鐵恩提諾產區便有一家 Ferrari 酒莊，其創建者為一位名叫做 Giolio 的釀酒師。

希望能在義大利釀出類似香檳美酒的 Guilio Ferrari，是第一位將夏多內引進義大利和該產區的人。

長達一個多世紀的努力之後，Giulio 釀出的「bollicine di montagna」（山頂泡沫之意）已成為挑剔的義大利人的氣泡酒首選。

值得慶幸的是，法拉利的名氣已經蔓延到鐵恩提諾丘陵區之外，我們也因此都能輕鬆地買到 Ferrari 酒莊的酒款。

Cantino Terlano 酒莊合作社　SS12 公路
SS620 公路
A22 公路
A28 公路
SS43 公路
Ferrari 酒莊

Ferrari 酒莊的所有酒款都很出色，但我在家裡通常會喝酒莊最優雅的系列酒款「Perlé」。

「Perlé」系列有一款酒尤其與眾不同，那就是我們即將要介紹的葡萄酒，也是該酒莊旗下唯一由黑皮諾釀成的酒款。

Sniff 的品飲筆記

這款酒展現了三種檸檬香氣：烘烤檸檬、佐以奶油的檸檬，以及一小片剛削下的新鮮檸檬皮。其擁有極濃郁的檸檬酸香，背後包括多種讓人想到地中海的果香，如烘烤蘋果、羅甘莓（loganberry），以及新鮮空氣或海邊岩池般的鹹味。這款酒非常不甜，但有令口水不斷分泌的開胃感，以及如白堊般的質地，酒液吞下後因此帶有消逝緩慢的口感。酒款酸度尖銳而精準，但不至於艱澀，整體印象是果味充沛，但不乏細緻感。餘韻清新，在口中久久不散，令飲者印象深刻，並渴求著再來一杯。

解析

品飲筆記

選擇 Ferrari 酒莊的「Perlé Nero Riserva」時，我已經能想見許多飲者會認為它不足以代表該地區，你們說得對，畢竟夏多內才是鐵恩提諾產區的釀酒品種之王。

然而，黑皮諾在 Trentodoc 產區堪稱釀酒品種之后。而且，當我選定第 17 杯 Bellavista 酒莊可口無比的夏多內酒款「Satèn」時，便心心念念地想要介紹另一款以其他品種釀成的氣泡酒。

這款酒的烘烤香氣完全來自於釀造方式。

所有 Trentodoc 產區酒款都是使用傳統或香檳法釀成，也就是瓶中二次發酵。

Ferrari 酒莊的 Perlé 系列酒款通常會經過長時間的培養才上市，至於「Nero Riserva」則是在除渣前與酵母渣培養了長達六年。

在這段時間裡，蛋白質會從死去的酵母細胞釋放至葡萄酒中，為酒款增添質地，並提供類似奶油和吐司的香氣。

蛋白質

但這不是這種香氣的唯一來源。

除渣後（將酒中的酵母渣移除，並於酒液添補一些加了點糖的葡萄酒）的葡萄酒，有可能發生梅納反應（Maillard Reaction）。

移除酵母渣　　添補甜葡萄酒　　　　　　　　　　梅納反應

只要有氨基酸和糖（大多數傳統氣泡酒中都有這兩者），就可能產生梅納反應，結果可能會出現結合了吐司、煙燻味和烘烤麵包的複雜綜合香氣，這杯酒中可以找到至少一種。

甜美的莓果與烤水果的甜味暗示這款酒的出處可能位於香檳以南。

此論點的另一個證據則是清爽的酸度。雖然這酸度為酒款帶來焦點和方向，但不像是 Epernay 市附近如手術刀般尖銳的葡萄酒。

話雖如此，Giulio Ferrari 超過了一個世紀的目標，正是釀出與香檳具有相似結構和活力的葡萄酒。

我通常只會在法國北部的氣泡酒和 Ferrari 酒莊最頂級的酒款嘗到獨一無二的白堊口感。

1902

N. FRANCE

就某種程度而言，如此堅實的架構是 Ferrari 酒莊的風格，但使用黑皮諾釀成的高品質氣泡酒，往往也會展現同樣的架構。

不同於夏多內，黑皮諾通常為酒款帶來更寬廣的口感，雖然黑皮諾也會帶來紅果調性，但我並未在這款酒發現任何能聯想到黑皮諾的水果風味。

一般來說，要判斷一款酒使用什麼品種，往往是透過酒液讓你有什麼感覺（也就是口中的架構）。

至於這款酒，其非常「干」的特質則是由於「補液」（dosage）時僅添加了非常少的糖分。

2010 年的「Perlé Nero Riserva」被歸類為「超干型」（Extra Brut）酒款，表示殘糖量每公升不超過 6 克。

< = 6g

其實，這款酒的殘糖量每公升僅 2.5 克，大約只有半茶匙。

以理論來說，氣候越溫暖所需的補液就越少，因為溫暖氣候的酒款酸度較低，水果風味也可能更成熟，無須以過多的補液平衡風味，在較多日照與高溫環境產出的葡萄酒必然如此。

補液

正確的平衡度

酸度

溫度

但這是相當微妙的平衡。

殘糖量過少會使葡萄酒顯得酸澀而缺乏果味；我個人覺得許多西班牙的卡瓦（Cava）氣泡酒都有類似狀況。過多則會使原本應該鮮活多泡的美酒，淪為昂貴但品質欠佳的葡萄果汁酒；以酸甜平衡而言，Ferrari 酒莊可說是拿捏地恰如其分。

最終，由於主觀品味，也許我想要的氣泡酒正好與各位的偏好相反。

儘管如此，鐵恩提諾最優異釀酒業者推出的酒款品質無庸置疑。一旦嘗過這類經得起時間驗證的美酒，肯定會希望有更多品嘗機會。

鐵恩提諾 - 上阿第杰（南提洛）推薦酒單

第 14 杯：白皮諾

1. Cantina Terlano, Vorberg Riserva, Alto Adige, € € €

2. Tiefenbrunner, Anna, Alto Adige, € €

3. Manincor, Eichhorn, Alto Adige, € € €

4. Cantina Nals Margreid, Sirmian, Alto Adige, € € €

5. Von Blumen, Flowers selection, Alto Adige, € € €

第 15 杯：勒格瑞

1. Cantina Convento Muri-Gries, Abtei Muri, Lagrein Riserva, Alto Adige, € € €

2. Cantina Bolzano, Lagrein Taber Riserva, Alto Adige, € € € €

3. Elena Walch, Vigna Castel Ringberg Riserva, Alto Adige, € € € €

4. Cantina Kurtatsch, Alto Adige, € €

第 16 杯：TrentoDoc（氣泡酒）

1. Cesarini Sforza, Aquila Reale Riserva, €

2. Cavit, Altemasi, Graal Riserva Brut, €

3. Dorigati, Methius Riserva Brut, €

4. Abate Nero, Domini Brut, €

5. Letrari, Riserva Brut, €

倫巴底 Lombardia

17. Bellavista, 'Satèn' 2015, Franciacorta DOCG, €€€€
18. Nino Negri, 'Sfursat 5 Stelle' 2016, Sforzato di Valtellina
    DOCG, €€€€€+

倫巴底是全義大利最富有的行政大區,這裡的居民不但相當富有,穿著打扮也非常講究,舉手投足無一不散發著優越感,也難怪首府米蘭會成為全球時裝設計的心臟地帶。

富裕的地方往往會激發對於美好氣泡的渴望。雖然 TrentoDoc(尤其是第 16 杯的 Ferrari 酒莊酒款)產出了相當優質的義大利氣泡酒,但唯有 Franciacorta 產區才釀有全義最偉大、品質也最穩定的氣泡酒,誠如這杯個性優雅的酒所展現。

Ferrari 酒莊

SS237 公路

SR2⑴ 公路

E15 公路

Bellavista 酒莊

Verona

A28 公路

加爾達湖湖濱

倫巴底

111

GLASS 17

Bellavista, 'Satèn' 2015, Franciacorta DOCG, €€€€

雖然 Franciacorta 產區內有許多高品質酒莊，但要選擇一款真正具有代表性且「正確」的酒莊，其實比想像中來得容易。

Franciacorta 產區的傳統法氣泡酒主要採用香檳區的品種（夏多內和黑皮諾），酒款酒體豐滿、口感圓潤，早已獲得應有的名聲，但這裡其實以另一種風格獨一無二的氣泡酒而聞名，稱為「Satèn」。

雖然此產區的許多業者都釀有「Satèn」，但我們應該向大家介紹這類絲滑且清爽怡人的氣泡酒的首家釀酒業者，因此第 17 杯酒選擇了 Bellavista 酒莊。

Sniff 的品飲筆記

氣泡酒最直接的魅力是從氣泡本身開始。這款酒的氣泡持久而細膩，閃閃發亮的泡沫如頭飾一般圍繞著玻璃杯邊緣。香氣令人想起兒時的糖果，如檸檬雪寶（lemon sherbet）、Parma Violets 糖果和茴香球硬糖等，另外滿載烘焙蘋果、梨香與柑橘皮香氣，非常具吸引力。但如同許多葡萄酒，真正展現其品質的是入口後的風味表現和架構。這款「Satèn」風味成熟而不甜，酸度爽脆怡人，足以維持優雅的體態；酸度則不像許多歐洲較北產區的冷涼氣候酒款，那種利刃一般的酸澀。酒液質地光滑，略為綿密，一如酒名，那緞子般的酒質，尤其展現細緻感。入喉後，餘韻則相當持久，最後以一勺香草般的義式奶凍作結，令人難以忘懷。

只消看細小如珠的氣泡不斷湧於酒液表面，就可以知道這款酒的製作方式，也就是以傳統法讓酒液於瓶中進行二次發酵，以產生氣泡。

解析

品飲筆記

尤其細小的氣泡暗示了酒款已經過數年的瓶陳，因為溶解於酒中的二氧化碳已緩慢地隨著軟木塞溢出。

較低的二氧化碳濃度等於較小的氣泡，因此老年份氣泡酒往往具有最細緻的氣泡。Bellavista 酒莊的 2015 年「Satèn」酒款已與酵母渣一同培養超過四年。

2012　2013　2014　2015

二氧化碳

年紀

然而，如果與年份相近的 Franciacorta 產區其他酒款相比，這款酒的氣泡依舊較少，因為「Satèn」類型酒款含糖量較低，酵母產生的氣泡量自然較少。

「一般」的 Franciacorta 產區酒款或其他經典氣泡酒（如香檳、法國傳統法氣泡酒 Crémant 或英國氣泡），裝瓶時約有每公升 24 克不等的含糖量。

6 大氣壓

24g

酵母在消耗糖分並轉換為酒精時，也會產出一定程度的二氧化碳，導致瓶中產生等同於 6 大氣壓的壓力。

5 大氣壓

20g

但「Satèn」僅添加了 20 克，差異看似微小，卻足以讓瓶中酒款的壓力只有 5 大氣壓，因此，較低的二氧化碳濃度代表酒液中的氣泡較小。

酒中的甜蘋果、梨和柑橘調性可說是非常典型的香氣，一嘗便知是由白葡萄(尤其是夏多內)釀成。

「Satèn」酒款依法可添加一定比例的白皮諾，但 Bellavista 酒莊希望自家酒款在上市後能繼續瓶陳至少三到四年，不希望添加他們認為會讓陳年效果不佳的白皮諾。

其他Satèn

夏多內

Bellavista酒莊的「Satèn」

酒液帶點類似的甜味絕對不是負面特質，而是較成熟的水果風格，也正是此緯度酒款該有的樣貌。

此外，這杯酒的酸度也透露了較溫暖氣候的出身。因酸度雖新鮮，卻沒有冷涼氣候產區（如香檳）氣泡酒，那樣強勁且艱澀的表現。

這樣的葡萄酒更顯平易近人，喝下了幾杯後，依舊能倍感享受。

話雖如此，Bellavista 酒莊「Satèn」酒款的精緻，不但完全反映了酒莊風格，更會令人聯想到香檳區的 Taittinger 或 Perrier Jouët 酒廠。因此，如果各位偏好酒體較細緻，而不似一般 Franciacorta 產區酒款的飽滿風格，「Satèn」無疑是首選。

這款酒為「干型」，但除渣（將酵母渣聚集於瓶頸處，冰凍後再將整塊冰排出）時，則透過補液糖分達到了「平衡」的風味。

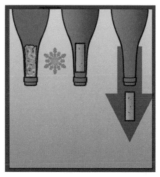

補液將酒款的含糖量提升至約每公升 6 公克，以增加成熟風味。我相信酒液中如雪泥一般的風味，正是來自於此。

這款酒的緞面質地，是因為氣泡細小如慕斯一般柔軟、細緻。

給人一種既綿密又宛如輕觸撫摸的感覺，使飲者不斷疊加恣意放縱之感。

酒款餘韻持久不衰且持續發展，質地宛如義式奶凍，這正是品質保證，也是酒液於經過長時間酵母渣培養的結果。

Franciacorta 產區通常被形容成酒體宏大且飽滿的氣泡酒，但正如我所描述，這不是 Bel-lavista 酒莊風格。

即使長時間與酵母酒渣培養，這杯酒依舊輕巧、空靈，雖然淡淡的香草味可能源於裝瓶前以木桶窖藏，但該酒莊使用的木桶陳舊，因此理論上幾乎不會為酒款風格帶來影響。

如果各位從未嘗過 Franci-acorta 產區酒款，其實無須過分自責。

因為，Franciacorta 產區雖從大約五十年前成立，而且發展迅速，但仍然是產量相對較小的產區。

當地業者的成就來自於品質始終如一的出色酒款，因此，絕大多數的 Franciacorta 產區酒款在義大利當地便已經銷售一空。

如果各位想嘗嘗義大利氣泡酒，那麼，Bellavista 酒莊的「Satèn」不僅能帶來極大的愉悅，還能作為判斷靴子半島上其他氣泡酒品質的標準。

GLASS 18

Nino Negri, 'Sfursat 5 Stelle' 2016, Sforzato di Valtellina DOCG, €€€€€ +

從倫巴底南部的 Bellavista 酒莊開車到 Valtellina 產區面南的陡峭斜坡，有兩條能滿足熱愛戲水遊客渴望的路線。

沿著 A4 公路行駛一小時後，會經過雷科小鎮（Lecco），這裡就是義大利最著名的科莫湖（Como）的東南。

再沿著河岸前進，順著從高山一路沒入科莫湖北端的阿達河（Adda）往東延伸。

科莫湖
Nino Negri 酒莊
SS38 公路
SS12 公路
① ②
Bellavista 酒莊

如果各位不是特別想撞見社交名流如雕刻般完美的胴體縱身沒入科莫湖翠綠湖水的景色，不妨從位於埃爾布斯科（Erbusco）的 Bellavista 酒莊取道 SP510 公路。

短短幾分鐘，就會發現一樣美麗的伊塞奧湖（Lake Iseo）。各位可以在伊塞奧鎮停留，來杯午餐前的卡布奇諾，或晚餐後的義式濃縮。

這條替代路線會比從科莫湖東邊的路線快上二十分鐘左右，但會錯過 Valtellina 產區嘆為觀止的梯田葡萄園；那是甫進入該產區便迎面而來的驚人美景，也是阿達河流域山谷較短的一端。

這杯酒色呈石榴的酒款,香氣濃郁,充滿水果蛋糕、櫻桃乾、黑李乾、甘草與紫羅蘭花香等風味,並帶有透著杜松和牛至等風味的樹脂和土壤香氣。這款酒口感飽滿而有力,但每一口都有敏捷的酸度,為酒液增添鮮活滋味,同時帶有高雅的純淨。酒款單寧成熟但緊實,入口時彷彿口中每一個角落都灑上了細緻但穿透力極強的粉末。擁有如此年輕酒款般的緊密口感,往往會讓人想把酒瓶塞進酒櫃深處再放十年以上,等酒款艱澀的骨架長出柔美的脂肪質地時,再拿出來飲用。然而,這支「5 Stelle」卻出乎意料地親切且易飲,展開雙臂地邀請飲者,而非如同只能遠眺欣賞的高山。

杯中的撲鼻香氣並不常見,這與品種和釀造手法皆有關連。

解析

品飲筆記

此品種被認為是最高貴的紅酒葡萄,其複雜且魅力十足的香氣便是原因之一。

這款酒的品種是內比歐露(Nebbiolo,Valtellina 產區的別稱為 Chiavennasca)。此品種會在第 21 杯的 Ceretto 酒莊再度現身。

花香也是此品種常見的香氣,經常以「玫瑰」描述,但這杯酒的花香屬於較深沉的紫羅蘭。

土壤調性(或焦油?)是另一個常見於此品種的氣味,另外還有鮮明的紅色水果調性,這杯酒也確實展現了許多紅果香氣。

蛋糕、黑李乾和乾果的香氣暗示了這款酒的釀造方式（只要在 Valtellina 產區看到酒標標示「Sforzato」或「Sfursat」，均屬於同一種釀法）。

嘗試翻譯「Sfursat」一詞其實是滿令人挫敗的過程，不過該詞意指此酒款經過了風乾過程，也就是我們在第 9 杯瓦波利切拉產區的「Quintarelli」酒款時，曾經討論過的傳統風乾葡萄果實之法。

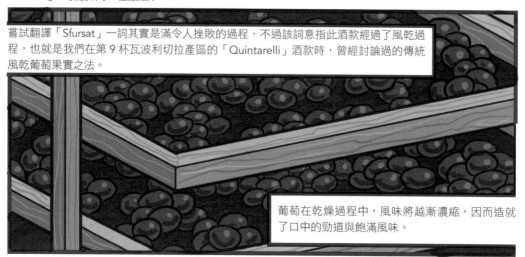

葡萄在乾燥過程中，風味將越漸濃縮，因而造就了口中的勁道與飽滿風味。

在 Valtellina 產區涼爽秋日中，緩慢乾燥三個月之後，果串將損失約三分之一的體積。

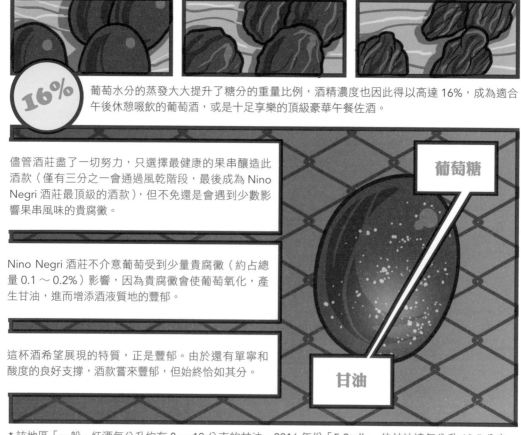

16% 葡萄水分的蒸發大大提升了糖分的重量比例，酒精濃度也因此得以高達 16%，成為適合午後休憩啜飲的葡萄酒，或是十足享樂的頂級豪華午餐佐酒。

儘管酒莊盡了一切努力，只選擇最健康的果串釀造此酒款（僅有三分之一會通過風乾階段，最後成為 Nino Negri 酒莊最頂級的酒款），但不免還是會遇到少數影響果串風味的貴腐黴。

葡萄糖

Nino Negri 酒莊不介意葡萄受到少量貴腐黴（約占總量 0.1 ～ 0.2%）影響，因為貴腐黴會使葡萄氧化，產生甘油，進而增添酒液質地的豐郁。

這杯酒希望展現的特質，正是豐郁。由於還有單寧和酸度的良好支撐，酒款嘗來豐郁，但始終恰如其分。

甘油

* 該地區「一般」紅酒每公升約有 8 ～ 10 公克的甘油，2016 年份「5 Stelle」的甘油達每公升 12.5 公克。

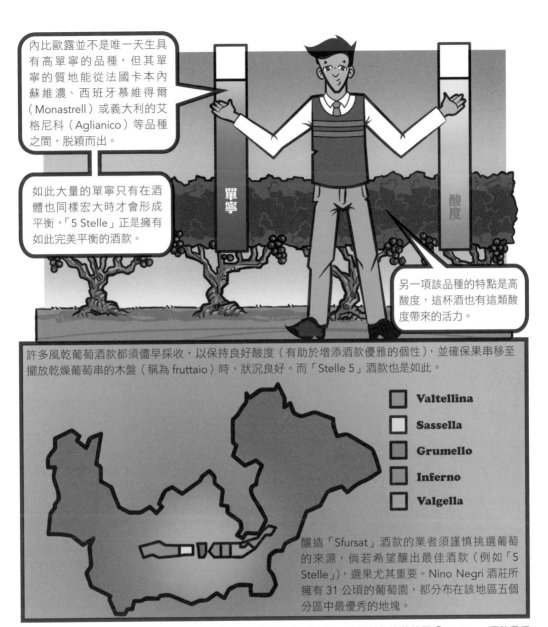

內比歐露並不是唯一天生具有高單寧的品種，但其單寧的質地能從法國卡本內蘇維濃、西班牙慕維得爾（Monastrell）或義大利的艾格尼科（Aglianico）等品種之間，脫穎而出。

如此大量的單寧只有在酒體也同樣宏大時才會形成平衡，「5 Stelle」正是擁有如此完美平衡的酒款。

單寧

酸度

另一項該品種的特點是高酸度，這杯酒也有這類酸度帶來的活力。

許多風乾葡萄酒款都須儘早採收，以保持良好酸度（有助於增添酒款優雅的個性），並確保果串移至擺放乾燥葡萄串的木盤（稱為 fruttaio）時，狀況良好。而「Stelle 5」酒款也是如此。

- ☐ **Valtellina**
- ☐ **Sassella**
- ☐ **Grumello**
- ☐ **Inferno**
- ☐ **Valgella**

釀造「Sfursat」酒款的業者須謹慎挑選葡萄的來源，倘若希望釀出最佳酒款（例如「5 Stelle」），選果尤其重要。Nino Negri 酒莊所擁有 31 公頃的葡萄園，都分布在該地區五個分區中最優秀的地塊。

酒莊的葡萄來自 Grumello、Sassella、Inferno，以及 Valgella 內一個非官方的葡萄園「Fracia」，酒莊看重此地距離酒莊不遠。

如前所述，只有最優質、純淨的果串才能用來釀造「5 Stelle」，如果葡萄園距離風乾葡萄的木盤太遠，不論葡萄品質多麼優秀，可能都無法通過酒莊的選果標準。

為什麼呢！

因為在如此陡峭的山坡運送葡萄時，路程的距離會增加果實損壞的可能。

採收葡萄時，通常會先將果串放在淺盒再運送到酒莊，但不論多麼謹慎，在崎嶇的山間運送淺盒時，裡頭的葡萄難免會受到碰撞。

我們曾說「5 Stelle」酒款的勁道和濃郁風味主要取決於釀酒方式，但 Valtellina 產區 2016 年異常的秋季天候，也成為酒款風格的原因之一。

當年的乾旱期幾乎完全沒有任何降雨。

秋季的天候直接影響了葡萄乾燥的品質和速度，因為儲存風乾葡萄的房間，只會以開窗角度控制房內的溫度與濕度。

最後，我認為值得一提的還有這款酒的純淨風格與培養方式的關連。

一般認為「5 Stelle」酒款是風乾法干型紅酒較「現代」的詮釋，主要因為酒款在全新法國橡木桶經過長時間培養（達二十個月）。因此，我們可以合理假設如此長時間的木桶培養，會衍生非常明顯的木質調性，但木桶培養對於這款酒的影響其實非常細緻且幽微。

橡木桶培養其實是為了幫助酒液降低氧化的風險；這些高酒精濃度的風乾葡萄酒確實偶爾容易發生氧化情況。

我在之前幾款酒談到了橡木桶（尤其是新桶）是透氧性最高的「密閉」容器。那麼，在其中儲存並培養的酒液，如何不受潛在的氧氣破壞呢？

就像是釀酒過程的諸多層面，此問題的原因也非常多種，而且取決於葡萄酒發展的特殊條件。

首先，由於葡萄酒於桶中發酵完成，正不斷產生的二氧化碳能幫助保護酒液免受氧化。

其次，發酵期間是冬季最冷之時，高山的冷涼環境減緩了化學反應的速度，因此有助於大幅降低氧化程度。

再者，新橡木桶很容易因酒精的溶劑效應，使酒液帶有更多單寧（天然的防腐劑和抗氧化劑）。

最後，團隊的釀酒歷程非常久，他們知道自己在做什麼，而且經驗非常重要。

Casimiro Maule
Matteo Borserio
Claudio Alongi

Nino Negri 於 1983 年首度釀造「5 Stelle」時，只釀了三桶，大約是九百瓶酒。

三十五年後，這款酒的產量（取決於年份）已達到約八十桶，即是大約兩萬四千瓶。

這表示許多人（而非少數有特權的人）都有機會嘗到 Valtellina 產區最令人難忘且最重要的葡萄酒風格傑出典範。

如果各位喜歡 Amarone 酒款，但仍希望它能稍微輕盈細緻一些，那麼，請一定要在酒款口袋名單增加 Valtellina 產區最優質的酒款。

倫巴底推薦酒單

第 17 杯：Franciacorta DOCG, €€€€

1. Ca del Bosco, Cuvée Prestige Brut, € € €

2. Guido Berlucchi &C., '61 Nature, € € €

3. Arcari & Danesi, Dosaggio Zero, € € €

4. Ricci Curbastro, Extra Brut, € €

5. Barone Pizzini, Brut Nature, € € €

6. Il Mosnel, Satèn, € € €

7. Villa Franciacorta, Mon Satèn, € € €

8. Giuseppe Vezzoli, Nefertiti Dizeta Extra Brut, € € €

第 18 杯：Sforzato di Valtellina

1. Rainoldi, Fruttaio Ca'Rizzieri, €

2. Mamete Prevostini, Albareda, €

3. Boffalora, Runco de Onego, €

技術專欄：
- 氣候變遷
- 自然葡萄酒
- 我們嘗得到土壤味嗎？

氣候變遷

氣候正在變化，而且速度飛快，這已是不爭的事實。

綜觀漫長的歷史，儘管地球始終經歷著時而暖化、時而寒化的時期，但如今的氣候變遷，卻是史上首度由人類直接造成。

在訪問本書的釀酒業者時，我發現葡萄酒業界對於氣候如何影響葡萄園的生長環境，了然於胸。

我在阿布魯佐見證了歐洲最南端的冰川正在急速萎縮，幾乎盡數消失。在皮蒙與當地釀酒業者交談後才發現，他們正為溫暖生長季頻率上升進而額外增添葡萄的成熟度，我更因此感到欣喜。同時，我也發現如果氣溫繼續攀升，當地最偉大的關鍵釀酒品種內比歐露的香氣可能會因此減少。

然而，義大利在面對這些氣候變化時，可能比多數葡萄酒產區更具優勢。

為什麼呢？

因為義大利葡萄酒多以當地原生品種釀成，這些原生品種應比較能適應未來均溫升高 2℃的環境，義大利因此在未來五十年左右，能比較從容面對氣候變遷。

世界絕大多數的葡萄酒產區面臨的問題之一，就是大多位於溫暖的地中海氣候。想想澳洲東南部、南非西開普區（Cape）、智利大部分地區，以及美國最重要的葡萄酒產地加州。

然而，在上述地區最常種植的葡萄品

種，多是來自冷涼氣候的法國釀酒品種。

卡本內蘇維濃、梅洛、希哈、黑皮諾、夏多內、白稍楠和白蘇維濃等最常見的法國貴族品種，的確能在多種環境中釀出優質的葡萄酒，但它們適應氣候暖化的能力，可能比不過義大利原生品種。無非是因為原生冷涼氣候的法國品種，早已不在「自然」氣候的範圍中。

這就是為什麼許多較溫暖地區開始積極實驗種植義大利品種，例如南澳釀酒業者開始實驗蒙鐵布奇亞諾、黑達沃拉（Nero d'Avola）、山吉歐維榭和黑曼羅（Negroamaro）等品種。這些不但是熱愛溫暖氣候的高受熱性品種，在面對溫暖或炙熱氣候中常見的壓力（最明顯的就是乾旱）時，耐受性也較高。

無論是品種或產區，義大利都有令人難以置信的多樣性，因此，該國的釀酒產業在未來應能繼續營運，產出足具特色的美酒，同時無須到半島以外尋找替代品種。

頂級產區可能會往地勢更高的地區擴展（若允許），以獲得高海拔的降溫效應，儘管多數「古典」產區已占據了這些高海拔地區。

我並非暗示氣候暖化能夠忍受，並非如此。據預測，全球氣候若繼續以目前趨勢演進，將導致毀滅性的災難，特別是低窪地區。

以更宏觀的視野而言，大多數人的「必需」清單應該不包括持續釀造高品質葡萄酒，但只要葡萄酒還占有一定程度的重要性（至少對我而言是如此），義大利就應該比其他產區更具優勢，提醒我們葡萄酒是如何強化我們的生活與生命。

自然葡萄酒

我們先說清楚，沒有「自然」葡萄酒這回事兒。

沒有人工干預，就沒有葡萄園、沒有酒莊、沒有可供去梗或破皮的機械，也沒有發酵槽，或可供發酵、熟成與儲存葡萄酒的木桶，也不會有裝瓶設備、即酒瓶、軟木塞或用來放置葡萄酒的酒架，還有販售酒款的廣告酒單。

葡萄酒是人類的發明。

那麼，「自然酒」是什麼？

目前尚沒有正式的定義，但與其說自然酒是一種酒，不如說其代表著一種運動，一種釀酒業者決定少即是多、盡可能降低釀酒過程的人工干預，並減少使用農藥，以生產出更誠實且更具產地代表性葡萄酒的反文化運動。

真的嗎？

以這種鬆散「方式」釀造出來的葡萄酒，真的能向消費者傳達葡萄酒的天性？

好吧，這取決於個人觀點（就像絕大多數的主張）。

由於篇幅受限，我認為目前只需關注酒莊在釀酒過程的人工干預重點，也就是二氧化硫（SO_2）的使用。

二氧化硫是食品和葡萄酒行業中廣泛使用的防腐劑。最常見於葡萄乾和黑李乾等乾燥水果中，含量遠高於一般葡萄酒中的二氧化硫。業者使用二氧化硫作為抗氧化劑，有助於保持水果的顏色與風味。此外，二氧化硫也可用來作為抗菌或抗微生物劑，有助於降低、控制，甚至殺死可能會導致葡萄酒口感欠佳的微生物。

二氧化硫也是一種毒素，毒性強弱則取決於攝取量的多寡。

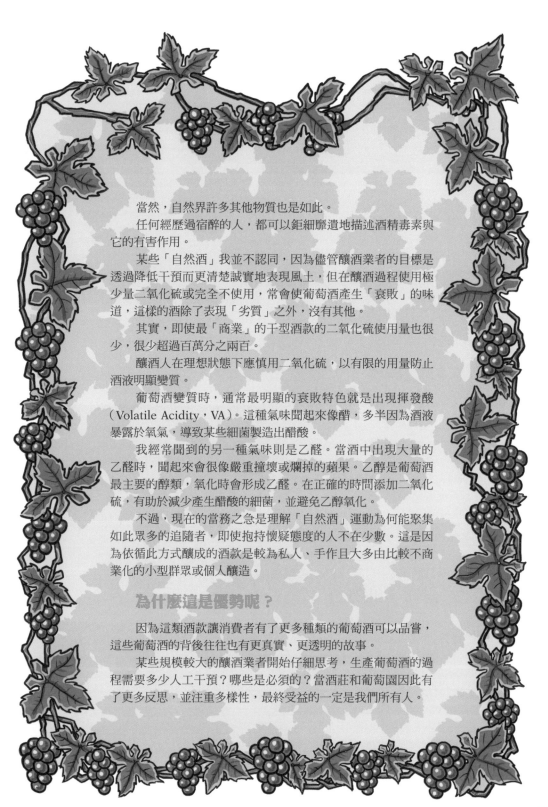

當然，自然界許多其他物質也是如此。

任何經歷過宿醉的人，都可以鉅細靡遺地描述酒精毒素與它的有害作用。

某些「自然酒」我並不認同，因為儘管釀酒業者的目標是透過降低干預而更清楚誠實地表現風土，但在釀酒過程使用極少量二氧化硫或完全不使用，常會使葡萄酒產生「衰敗」的味道，這樣的酒除了表現「劣質」之外，沒有其他。

其實，即使最「商業」的干型酒款的二氧化硫使用量也很少，很少超過百萬分之兩百。

釀酒人在理想狀態下應慎用二氧化硫，以有限的用量防止酒液明顯變質。

葡萄酒變質時，通常最明顯的衰敗特色就是出現揮發酸（Volatile Acidity，VA）。這種氣味聞起來像醋，多半因為酒液暴露於氧氣，導致某些細菌製造出醋酸。

我經常聞到的另一種氣味則是乙醛。當酒中出現大量的乙醛時，聞起來會很像嚴重撞壞或爛掉的蘋果。乙醇是葡萄酒最主要的醇類，氧化時會形成乙醛。在正確的時間添加二氧化硫，有助於減少產生醋酸的細菌，並避免乙醇氧化。

不過，現在的當務之急是理解「自然酒」運動為何能聚集如此眾多的追隨者，即使抱持懷疑態度的人不在少數。這是因為依循此方式釀成的酒款是較為私人、手作且大多由比較不商業化的小型群眾或個人釀造。

為什麼這是優勢呢？

因為這類酒款讓消費者有了更多種類的葡萄酒可以品嘗，這些葡萄酒的背後往往也有更真實、更透明的故事。

某些規模較大的釀酒業者開始仔細思考，生產葡萄酒的過程需要多少人工干預？哪些是必須的？當酒莊和葡萄園因此有了更多反思，並注重多樣性，最終受益的一定是我們所有人。

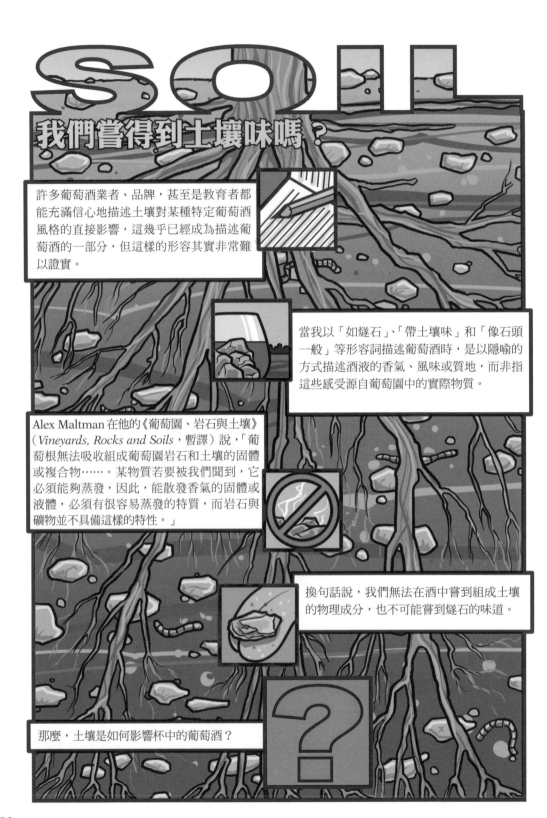

SOIL

我們嘗得到土壤味嗎？

許多葡萄酒業者、品牌，甚至是教育者都能充滿信心地描述土壤對某種特定葡萄酒風格的直接影響，這幾乎已經成為描述葡萄酒的一部分，但這樣的形容其實非常難以證實。

當我以「如燧石」、「帶土壤味」和「像石頭一般」等形容詞描述葡萄酒時，是以隱喻的方式描述酒液的香氣、風味或質地，而非指這些感受源自葡萄園中的實際物質。

Alex Maltman 在他的《葡萄園、岩石與土壤》（*Vineyards, Rocks and Soils*，暫譯）說，「葡萄根無法吸收組成葡萄園岩石和土壤的固體或複合物……。某物質若要被我們聞到，它必須能夠蒸發，因此，能散發香氣的固體或液體，必須有很容易蒸發的特質，而岩石與礦物並不具備這樣的特性。」

換句話說，我們無法在酒中嘗到組成土壤的物理成分，也不可能嘗到燧石的味道。

那麼，土壤是如何影響杯中的葡萄酒？

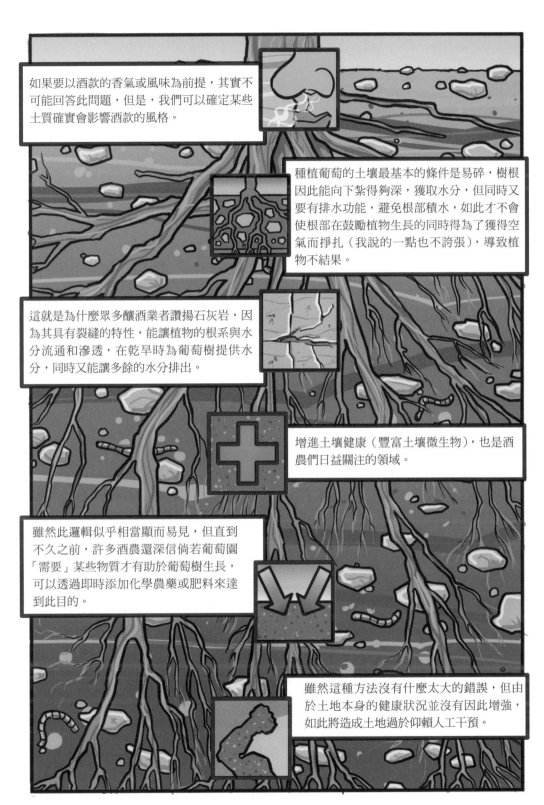

如果要以酒款的香氣或風味為前提，其實不可能回答此問題，但是，我們可以確定某些土質確實會影響酒款的風格。

種植葡萄的土壤最基本的條件是易碎，樹根因此能向下紮得夠深，獲取水分，但同時又要有排水功能，避免根部積水，如此才不會使根部在鼓勵植物生長的同時得為了獲得空氣而掙扎（我說的一點也不誇張），導致植物不結果。

這就是為什麼眾多釀酒業者讚揚石灰岩，因為其具有裂縫的特性，能讓植物的根系與水分流通和滲透，在乾旱時為葡萄樹提供水分，同時又能讓多餘的水分排出。

增進土壤健康（豐富土壤微生物），也是酒農們日益關注的領域。

雖然此邏輯似乎相當顯而易見，但直到不久之前，許多酒農還深信倘若葡萄園「需要」某些物質才有助於葡萄樹生長，可以透過即時添加化學農藥或肥料來達到此目的。

雖然這種方法沒有什麼太大的錯誤，但由於土地本身的健康狀況並沒有因此增強，如此將造成土地過於仰賴人工干預。

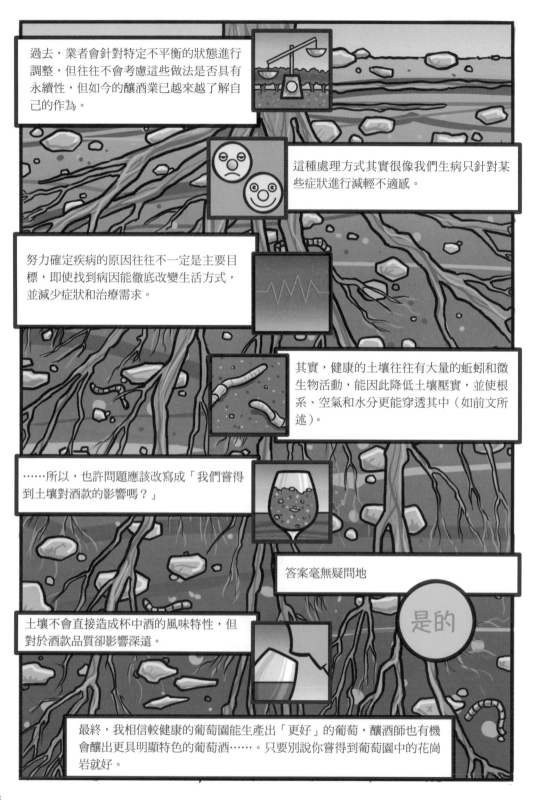

過去，業者會針對特定不平衡的狀態進行調整，但往往不會考慮這些做法是否具有永續性，但如今的釀酒業已越來越了解自己的作為。

這種處理方式其實很像我們生病只針對某些症狀進行減輕不適感。

努力確定疾病的原因往往不一定是主要目標，即使找到病因能徹底改變生活方式，並減少症狀和治療需求。

其實，健康的土壤往往有大量的蚯蚓和微生物活動，能因此降低土壤壓實，並使根系、空氣和水分更能穿透其中（如前文所述）。

……所以，也許問題應該改寫成「我們嘗得到土壤對酒款的影響嗎？」

答案毫無疑問地

是的

土壤不會直接造成杯中酒的風味特性，但對於酒款品質卻影響深遠。

最終，我相信較健康的葡萄園能生產出「更好」的葡萄，釀酒師也有機會釀出更具明顯特色的葡萄酒……。只要別說你嘗得到葡萄園中的花崗岩就好。

利古里亞 Liguria

待嘗美酒

19

待嘗美酒
19. BioVio, 'MaRenè' Pigato di Albenga 2017, Riviera Ligure di Ponente
DOC, €€

GLASS 19

BioVio, 'MaRenè' Pigato di Albenga 2017, Riviera Ligure di Ponente DOC, €€

到了利古里亞，各位可能會發現關注的重點並非當地葡萄酒，而是美麗且令人心醉的海岸風光，不過，這不表示我們應該忽略利古里亞的酒款。

如果能在這裡住上幾晚，那麼熱那亞（Genoa）東部著名的五漁村（Cinque Terre）國家公園的五個村莊，肯定值得各位探訪。

夏日清晨，在船和火車準備將載滿粉色皮膚的遊客卸在狹窄的街道之前，我獨自站在 Vernazza 村（五漁村之一）防波堤的盡頭，向海望去，這是我有過最美好的時光。

讓此時更美好的唯一方法，莫過於直接從分開防波堤與澄澈地中海的兩公尺空中躍下，再向外游出五十公尺，然後回過頭來從水中欣賞村中美景。

或是，如果想遠離熱那亞東部，不妨來到更靠近義法的邊界。

當地兩座繁忙且極具魅力的小鎮 Sanremo 或 Imperia 均位於利古里亞海岸，也都是探索利古里亞優質釀酒業者的理想去處。當然，其中也包括了下一杯酒的 BioVio 酒莊。

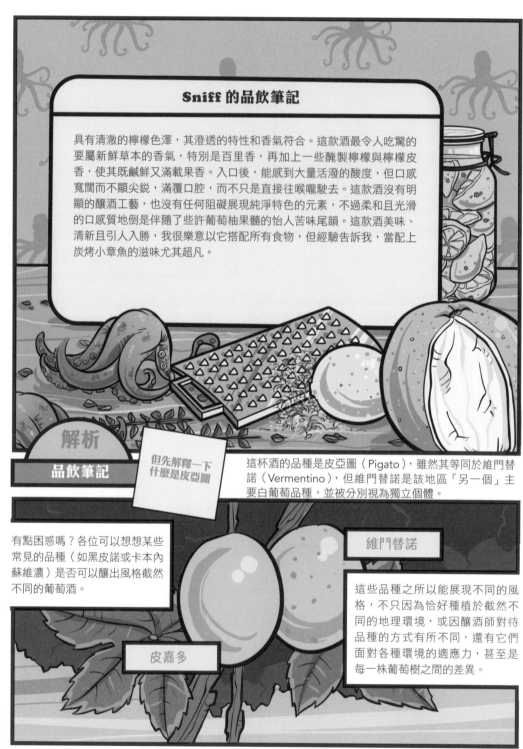

Sniff 的品飲筆記

具有清澈的檸檬色澤，其澄透的特性和香氣符合。這款酒最令人吃驚的要屬新鮮草本的香氣，特別是百里香，再加上一些醃製檸檬與檸檬皮香，使其既鹹鮮又滿載果香。入口後，能感到大量活潑的酸度，但口感寬闊而不顯尖銳，滿覆口腔，而不只是直接往喉嚨駛去。這款酒沒有明顯的釀酒工藝，也沒有任何阻礙展現純淨特色的元素，不過柔和且光滑的口感質地倒是伴隨了些許葡萄柚果髓的怡人苦味尾韻。這款酒美味、清新且引人入勝，我很樂意以它搭配所有食物，但經驗告訴我，當配上炭烤小章魚的滋味尤其超凡。

解析

品飲筆記

但先解釋一下什麼是皮亞圖

這杯酒的品種是皮亞圖（Pigato），雖然其等同於維門替諾（Vermentino），但維門替諾是該地區「另一個」主要白葡品種，並被分別視為獨立個體。

有點困惑嗎？各位可以想想某些常見的品種（如黑皮諾或卡本內蘇維濃）是否可以釀出風格截然不同的葡萄酒。

維門替諾

皮嘉多

這些品種之所以能展現不同的風格，不只因為恰好種植於截然不同的地理環境，或因釀酒師對待品種的方式有所不同，還有它們面對各種環境的適應力，甚至是每一株葡萄樹之間的差異。

例如皮亞圖之名來自當地方言「pighe」，因為這品種成熟時會長出一些斑點，維門替諾就沒有這樣的特性。

這表示熱那亞當地有一種或一組不同的無性繁殖系，而這在熱那亞西部尤其普遍。

對我來説，更重要的是維門替諾和皮亞圖之間有一些普遍不同的風格差異。

皮亞圖擁有更多鹹鮮滋味，嘗來較鹹，酸度表現通常更輕快。相較之下，我覺得維門替諾的香氣更濃郁，略帶肥美，有斑點的皮亞圖則顯得較缺乏活力。

解析品飲筆記（繼續）

由於這款酒的皮亞圖既位於海邊，又由專門生產草本植物的 BioVio 家族酒莊種植，我幾乎想説此酒款註定會展現百里香和鹹味特性。但是，兩者真的有關嗎？還是我多想了？

非常可能有關。

毫無疑問地，葡萄皮會從周邊環境吸取「訊息」，無論是山谷中野生或人工種植香料香草植物釋放出那飄向大海的植物油，或是殘留於空氣中的浪花皆然，但是，這是白葡萄酒。

我們都知道釀造紅酒時，葡萄的發酵會與皮接觸，白酒也可以如此，但並不常見

這杯酒的釀造過程中，果皮並沒有與果汁接觸，但酒液卻仍然展現了上述香氣。

也許最好的皮亞圖就是會展現如此香氣。

維門替諾也常種在類似地區，但是誠如前述，鮮少有鹹味和／或草本植物的芳香。

以質地而言，「MaRenè」酒款柔順而圓潤，但並不是因為缺乏酸度，而是因為酒液曾與酵母渣一同培養。

BioVio 酒莊將發酵後的酒液與酵母渣培養四個月。不過，如果情況允許，酒莊甚至希望再拉長熟成時間。

然而，由於酒款產量太小、市場需求極高，他們必須盡快裝瓶，趕在採收隔年的復活節之前上市。

這款酒的特點是澄澈和純粹的風格，這是在惰性容器中發酵和成熟的結果。

就像我們曾討論過的，惰性容器有助於保留葡萄酒精準的芳香氣息，不受有害的氧化與耗損。

用來釀造的葡萄來源也很關鍵（通常如此）。這並非指我們可以喝出酒莊使用哪個葡萄園的果實，但是，倘若葡萄的出處夠優異，我們想必都嘗得到令人折服的優良品質。

MaRenè 的果實選自三個葡萄園，每處葡萄園都具有鮮明的特色，有助於最終混調而成的酒款展現出優異的品質。

Salea 葡萄園

Arnasco 葡萄園

SP3 公路

Ranzo 葡萄園

SP20 公路

SP19 公路

SS1 公路

阿本加
(Albenga)

SS1bis 公路

樹齡最老的葡萄園坐落於 Salea 村莊，此地的果實能使酒液帶有一定程度的深度和濃郁風味。

莊主 Aimone Vio 說，Marige 葡萄園的品質應最佳，果實既芳香又富有表現力。與此地向內陸距離三十分鐘車程的 Ranzo 葡萄園，則因氣候較為冷涼，能產出酸度具咬勁且滿載活力的葡萄。

擁有這些元素之下，再加上深思熟慮的有機耕作，被緊緊夾在大海與皮蒙產區之間的細瘦行政大區利古里亞，其實也有實力釀出品質優異的佳釀。

畢竟，成功往往依靠努力和專心致志，這正是 BioVio 酒莊 Aimone 和女兒們最不缺乏的個性。

利古里亞推薦酒單

第 19 杯：皮嘉多 / 維門替諾

1. Laura Aschero, Pigato, Riviera Ligure di Ponente, € €

2. Cantina Lunae Bosoni, Etichetta Nera, Vermentino, Colli di Luni, €€€

3. Bruna, U Baccan, Riviera Ligure di Ponente, € € €

4. Claudio Vio, Pigato dell' Albenganese, Riviera Ligure di Ponente, € €

5. La Ginestraia, Le Marige, Riviera Ligure di Ponente Pigato, € €

皮蒙 **Piemonte**

待嚐美酒
20. Giacomo Fenocchio, Dolcetto d'Alba DOC, 2016, €€
21. Ceretto, 'Bernadot', Barbaresco DOCG, 2015, €€€€€+
22. Ca' d'Gal, Sant'Ilario, Canelli, Moscato d'Asti DOCG 2017 €€
23. Olim Bauda, Nizza DOCG, 2014 €€€€

GLASS

20

Giacomo Fenocchio,
Dolcetto d'Alba DOC, 2016, €€

離開利古里亞後，我們向北前往皮蒙。此處可以說是全義大利最頂級也最負盛名的葡萄酒產區。

我們將在這趟旅程見證海拔和氣候的緩慢改變，並逐漸脫離地中海影響，來到更受大陸性氣候影響的地區，最終越過行政區邊界進入奧斯塔谷地。

第一個目的地是地勢起伏和緩的朗給（Langhe）山丘。我們將在這裡品嘗前兩款酒。

朗給丘陵自平地緩升，從塔納羅河向南與東呈扇形延伸，而塔納羅河將這些山脈與河流北岸的羅埃羅（Roero）山脈一分為二。

這裡不僅是義大利最受尊崇的葡萄品種內比歐露的「家鄉」，內比歐露更以酒款詮釋出最令人印象深刻的表現，年輕時肌肉緊實且難以駕馭，成熟後卻迷人無比，兼具多種面向且非常柔順。

雖然此產區與內比歐露的淵源最深，但我們選擇從較簡單的品種開始，那便是滿載黑色果味，而且比較適合午餐而非晚餐享用的多切托（Dolcetto）。

143

Sniff 的品飲筆記

以香氣來說，這款酒雖然有一些草莓與燉煮紅櫻桃風味，增添了幾分誘人的優雅氣息，但主要還是以酸李等黑色果味為主，另有乾燥花和甘草調性。以如此深濃的紫色來看，香氣也算是相當貼切。這款酒口感偏干而鮮美，擁有蔓越莓或石榴風味的單寧表現，有些人會覺得過於質樸，但我倒覺得這種欲哂嘴的澀感令人滿足。多切托品質較差酒款的艱澀，並未在此酒款中出現，部分原因是柔軟且較低的酸度表現。此外，酒款還具有怡人的濃縮特性，不是那種經過度粹取造成的濃縮感，而是以能平衡草本元素的甜美風味為核心，十分容易察覺，特別是餘韻。其奎寧等帶有苦味的餘韻，還增添了渴望某些特定食物的感覺，就像是優質調酒美國佬（Americano）刺激食慾的作用。最後，這杯酒留下的整體印象是近似於線性，而非寬廣的口感，正是這種精確與集中的風味，讓這杯多切托成為具魅力的上乘酒款。

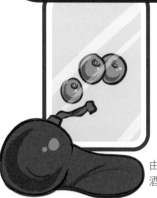

由於葡萄皮色素含量高，多切托往往能產出酒色深濃的葡萄酒。

解析

品飲筆記

杯中的香氣和風味是典型高品質多切托的表現。最佳多切托酒款總能散發大量深色水果風味，以及部分甘草和草本調性，準確呈現了多切托天生的芳香。

這杯酒在熟成期間沒有使用任何新橡木桶，因此口感能如此直接。

少了橡木對於果香的妨礙，或是強化香草調性的辛香感（如果你寧願這麼說），也證實了此杯酒應該是在不銹鋼槽培養。

這種培養方法成功地留住了葡萄酒鮮美而外放的個性，而非試圖創造更具挑戰性或複雜的酒款（也許多切托就是不適合這條路線）。

相較於許多義大利黑葡萄品種，多切托的酸度較為柔軟，這很可能就是該品種得名的原因（多切托的義大利文意思為「小甜甜」）。

我們可以在這杯酒感受到柔軟的質地，相較於接下來兩款紅酒，便能發現皮蒙區最主流的內比歐露、巴貝拉（Barbera）與多切托等三個黑葡萄品種，都擁有截然不同的酸度架構，而其中酸度最低的就是多切托。

相對酸度

內比歐露　巴貝拉　多切托

這三杯酒的單寧差異也類似；多切托的單寧質地是特有的質樸感，巴貝拉與內比歐露都沒有此特質。

然而，這杯多切托的單寧卻柔和許多，原以為會嘗到的粗糙口感均已被馴服成可親的質地。

但是，葡萄的來源與葡萄園的地塊是否會影響葡萄酒風格？還是風格僅來自品種特徵？

穿越朗給山丘時，人們通常會發現多切托的葡萄園位於坡地較高處，但這些山丘的斜面往往不完全面向朝陽。

因為當地「最佳」的地塊通常要留給內比歐露。因為內比歐露晚熟，而且需要大量的日照與熱度以獲得高品質葡萄，如此才能釀出偉大的巴巴瑞斯柯和巴羅鏤。

儘管聽來有點籠統，但大多數結構最明確且最優質的多切托，種植地往往和表現最佳的內比歐露相同，即上述提及的巴巴瑞斯柯和巴羅鏤村莊。我們的這款多切托便是來自巴羅鏤村知名的 Bussia 單一園。

為什麼呢？我認為有兩個原因。

巴羅鏤村

巴羅鏤

Bussia
葡萄園

Dogliani 區

皮蒙區

首先，這裡的釀酒師通常技藝超群且專心致志，旨在端出能恰當反映義大利神聖產地的葡萄酒。

其次，雖然多切托不是該地區最重要的品種，但這些山丘仍然適合生產高品質的葡萄，其海拔高度只比南方備受讚譽的其他多切托葡萄園低一點，如 Dogliani。

酒款因此更飽滿且較少澀感。

本書許多紅、白酒多次提到令人愉悅的苦味，也許將此風味形容成「義大利風味」也頗為合理。

試想金巴利（Campari）和其他「美國佬」風格調酒的大受歡迎，以及世人對於義式濃縮咖啡的熱愛，也許，隨著時間的流逝，義大利人也將開始愛上擁有類似風味的釀酒品種？

CAMPARI

不論如何。多切托總是能讓飲者感受到一個簡單的結論：這個品種絕對來自義大利。

GLASS 21

Ceretto, 'Bernadot', 2015, Barbaresco DOCG, €€€€€ +

美食是美酒的天生夥伴，因此，帶著在胃裡完美攪拌的酒液，午後從 Fenocchio 酒莊啟程之時，建議各位直奔 Treiso 村。

這趟車程僅三十分鐘，不僅路況輕鬆，Treiso 村還有許多美麗的葡萄園。如果坐在皮蒙頂級 La Ciau del Tornavento 餐廳裡鋪上亞麻布巾的餐桌，更是可以一覽無遺。

我通常不會特別提到或甚至推薦特定餐廳，不過，這間餐廳我可是有正當藉口。

位在那兒可能會見到此生親眼所見最棒的酒單，也獲得米其林星級的美食和服務認可。而且，它還擁有另一個絕佳優點……

內比歐露堪稱全義最偉大品種，因此，想要從它的家鄉皮蒙區選出一款內比歐露，可不是一件易事。

最終，我選擇了能展現內比歐露風格的酒款，這杯酒散發著香氣和細緻風格，同時保留了令人感到興奮的特色。

正是此特性讓內比歐露超越了原有的刻板印象：「漂亮」、缺乏深度，而且無法釀成嚴肅或感性酒款的品種。

這就是為什麼我選擇 Ceretto 酒莊的「Bernadot」酒款，也是鼓勵各位在 La Ciau del Tornavento 餐廳用餐的原因。

走到餐廳側面的大窗戶前，向左望去（約 10 點鐘方向），映入眼簾的正是「Bernadot」酒款的葡萄園，那兒是芬芳的內比歐露的家，也是釀出下一杯酒的地方。

Sniff 的品飲筆記

淺淡的草莓色澤令人直接聯想到紅色草莓味，而且其香氣也確實如此：酒杯上方的空氣散發著草莓香。杯中香氣另有甘甜、濃郁且帶有溫暖土壤般的甘草香，增加深度，還有瞬間誘人的玫瑰香氣。此外，還有一股難以名狀的內斂辛香料氣息，為酒液增添了另一層香氣，雖然令人印象深刻，但像是在身邊細細訴說其特質，而非跳上舞臺高聲喧囂。入口後，鮮美的個性能隨即擄獲飲者的心，但同時也有一定程度的架構，口中的單寧為顆粒狀、粉狀和果髓一般的質地，留下存在感極高且架構緊實的整體印象。酒款酸度明亮而直接，不同於許多來自備受盛讚的巴巴瑞斯柯和巴羅鏤坡地的內比歐露，這杯酒沒有溫暖的餘韻，取而代之的是冷涼、近似於「礦物感」的艱澀風味，而且非常綿長。這是一款會逐漸綻放光芒的美釀。

品飲筆記

儘管酒色相對較淡，但其實我們不應該把缺乏墨深的酒色與濃郁香氣，等同於少了結構。

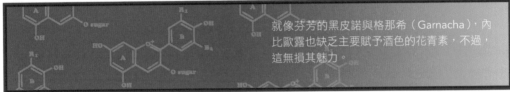

就像芬芳的黑皮諾與格那希（Garnacha），內比歐露也缺乏主要賦予酒色的花青素，不過，這無損其魅力。

年輕的內比歐露紅酒常以紅果和花香為主調，唯有隨時間的流逝，酒液才會幻化出更多礦物或煙燻（如煙火表演後在懸留空中的氣味）及土壤風味，並變得複雜。

這杯酒現在依舊如同一個嬰兒，2018 年七月它才剛過了三歲生日。但是，其甘草般的溫暖氣息與伴隨而來的辛香料調性，卻令人忍不住猜想未來會繼續發展出的風味。

我實在想不到還有什麼品種，能展現內比歐露一般的單寧。

即使是品嘗如此鮮美、平易近人且令人愉悅的內比歐露，也必須將緊實如粉狀的單寧質地納入考慮，想想它在其中扮演的角色。

崇高和偉大葡萄酒的概念，往往與陳年潛力有密切關係，尤其當我們討論的是世上最偉大的紅酒。

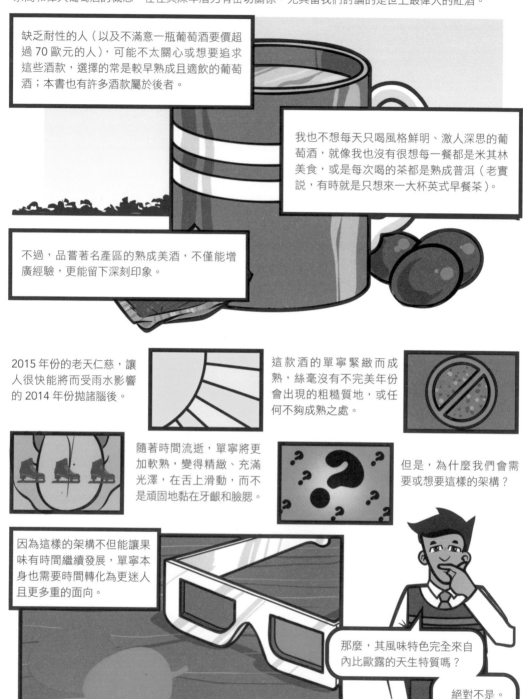

缺乏耐性的人（以及不滿意一瓶葡萄酒要價超過 70 歐元的人），可能不太關心或想要追求這些酒款，選擇的常是較早熟成且適飲的葡萄酒；本書也有許多酒款屬於後者。

我也不想每天只喝風格鮮明、激人深思的葡萄酒，就像我也沒有很想每一餐都是米其林美食，或是每次喝的茶都是熟成普洱（老實說，有時就是只想來一大杯英式早餐茶）。

不過，品嘗著名產區的熟成美酒，不僅能增廣經驗，更能留下深刻印象。

2015 年份的老天仁慈，讓人很快能將其受雨水影響的 2014 年份拋諸腦後。

這款酒的單寧緊緻而成熟，絲毫沒有不完美年份會出現的粗糙質地，或任何不夠成熟之處。

隨著時間流逝，單寧將更加軟熟，變得精緻、充滿光澤，在舌上滑動，而不是頑固地黏在牙齦和臉頰。

但是，為什麼我們會需要或想要這樣的架構？

因為這樣的架構不但能讓果味有時間繼續發展，單寧本身也需要時間轉化為更迷人且更多重的面向。

那麼，其風味特色完全來自內比歐露的天生特質嗎？

絕對不是。

就像是由卡本內蘇維濃、山吉歐維榭或艾格尼科等知名品種釀成的酒款，某些酒總是稍嫌平淡、無趣，甚至乏味，而我們可以由此看出產地的重要。

內比歐露發芽得早，卻很晚熟，因此需要最好的產地；而在巴羅鏤與巴巴瑞斯科村莊中，大多數的內比歐露都位於坐向朝正南或西南的坡地上，讓葡萄在採收之前獲得最多成熟的機會。

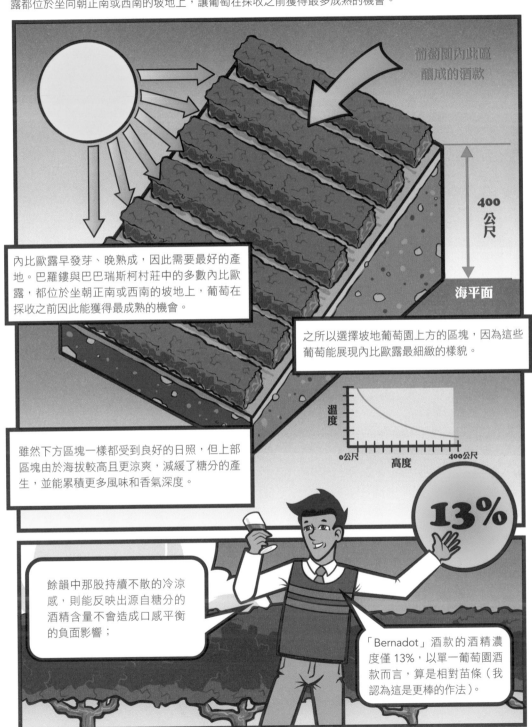

Ca' d' Gal, Sant' Ilario, Canelli, 2017 Moscato d' Asti DOCG, €€

GLASS

22

如果各位剛剛有採納我的建議，在 Ciau del Tornavento 餐廳午餐，也許現在各位比較想要好好午睡一番，而不是再進行一場品飲。

雖然可以理解好好睡一場的誘惑，但還是鼓勵各位繼續冒險旅程，以一杯甜美、輕柔扎刺口腔的阿斯提蜜思嘉（Moscato d'Asti）重新喚醒味蕾，結束完美的一天。

Canelli 是阿斯提的副產區之一（算是蜜思嘉的非官方特級園）。此處在 Treiso 村向東不到半小時的車程，這段能稍微消化剛剛優質午餐的時間過後，便抵達 Canelli 副產區最偉大的酒莊之一，Ca' d'Gal 酒莊。

Sniff 的品飲筆記

強烈又令人陶醉的香氣是這杯酒的第一印象，如花朵、葡萄柚、萊姆刨皮和鼠尾草等芬芳。第二次嗅聞將出現薄荷、蜂蜜、紅蘋果，以及我兒時在英國愛吃的糖果檸檬雪寶。不時搖杯讓空氣進入酒液時，我見到了酒液與杯壁間形成了如珍珠一般的細小泡沫，表示酒款殘有二氧化碳。入口後，能明顯感受到幽微的氣泡，加上清爽的酸度和細緻的酒體，使其散發出如芭蕾舞伶的氣質；踮起腳尖、完美伸展的身體線條與優雅的氣質。這杯酒帶有鮮明的甜味，但同時也有如通寧水令人呵嘴的清爽感，而不會過於黏膩。其持久的餘韻十分怡人，美味程度絲毫不因最後一滴酒入喉後而有所減少。

這款酒最鮮明的特色是香氣、風味與餘韻長度，三者都有優異的表現。

解析

品飲筆記

說到蜜思嘉，我（也許各位也是）通常會認為它散發著濃郁香氣，風味同時可能相當簡單，一旦人們享受夠了異國情調的香氣（該品種最明顯的特徵），很快就會感到無聊或味覺疲勞。

因為許多蜜思嘉酒款的香氣多以較成熟的水果為主，卻缺乏這款「Sant'Ilario」特有的有趣且複雜的草本和柑橘調性。

如此寬廣的香氣與風味部分源自那塊種植葡萄的神聖土地。

酒莊莊主 Alessandro Boido 挑選了 Cassinasco 村中，兩處海拔達 500 公尺的小型蜜思嘉地塊；該村位於 Canelli 副產區南方幾公里。

SP396 公路

Tanaro 河

SP3 公路

Ca' d'Gal 酒莊

La Ciau del Tornavento 餐廳

SP51 公路

SP138 公路

這樣的海拔與伴隨的涼爽氣候，有助於讓酒款表現出如此鮮活的口感。

也表示了我們不會嘗到溫暖地塊葡萄散發的熱帶果味，而是更多柑橘類果香，以及樹脂般草本和薄荷香氣，為酒款增添多元綠色調性。

這款酒選取的葡萄樹樹齡已有七十年，果實風味因此更集中，同時充分展現在其餘韻之中。

莊主 Alessandro 與許多傑出釀酒人一樣皆依循有機農法，而且過去三十年來皆如此。

但他從不大力宣傳此事。他認為這是他與土地之間的約定，並非賣出更多葡萄酒的手段。

雖然我不敢說自己嘗得出有機農法，但我確實能嘗出這類葡萄酒在釀造過程受到大量關注，這無疑是依循有機農法必備的態度。

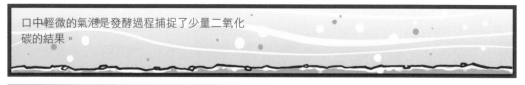

口中輕微的氣泡是發酵過程捕捉了少量二氧化碳的結果。

Ca' d'Gal 酒莊將成串的蜜思嘉輕柔壓榨，流出的果汁會靜置過夜，接著移至加壓的不銹鋼槽內。到了春季，果汁會在溫度非常低的壓力槽內開始緩慢進行酒精發酵，初釀成的年輕酒款酒精濃度僅 2.5 ～ 2.8%。

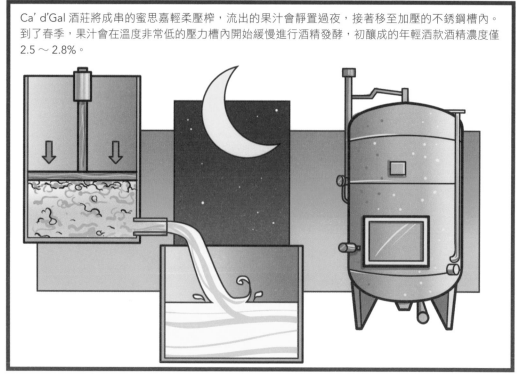

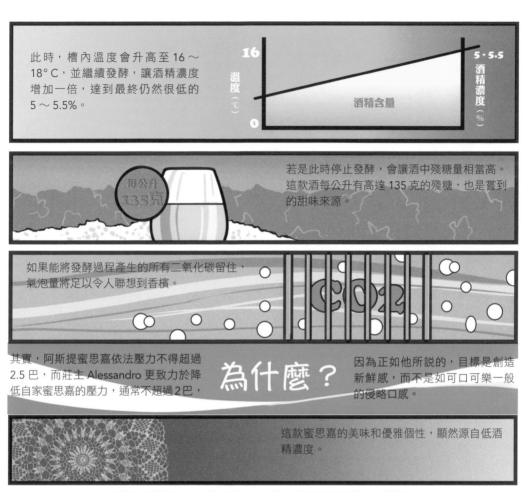

此時，槽內溫度會升高至 16 ～ 18°C，並繼續發酵，讓酒精濃度增加一倍，達到最終仍然很低的 5 ～ 5.5%。

若是此時停止發酵，會讓酒中殘糖量相當高。這款酒每公升有高達 135 克的殘糖，也是嘗到的甜味來源。

每公升 135 克

如果能將發酵過程產生的所有二氧化碳留住，氣泡量將足以令人聯想到香檳。

其實，阿斯提蜜思嘉依法壓力不得超過 2.5 巴，而莊主 Alessandro 更致力於降低自家蜜思嘉的壓力，通常不超過 2 巴，

為什麼？

因為正如他所說的，目標是創造新鮮感，而不是如可口可樂一般的侵略口感。

這款蜜思嘉的美味和優雅個性，顯然源自低酒精濃度。

酒精之於葡萄酒，就像脂肪之於人體，提供了重量與水平狀態。

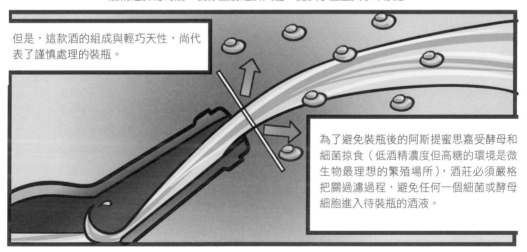

但是，這款酒的組成與輕巧天性，尚代表了謹慎處理的裝瓶。

為了避免裝瓶後的阿斯提蜜思嘉受酵母和細菌掠食（低酒精濃度但高糖的環境是微生物最理想的繁殖場所），酒莊必須嚴格把關過濾過程，避免任何一個細菌或酵母細胞進入待裝瓶的酒液。

如此才能可以保留蜜思嘉出色的空靈特性，並確保「Sant'Ilario」在未來許多年內都能放心享用。

Olim Bauda, 2014 Nizza DOCG, €€€€

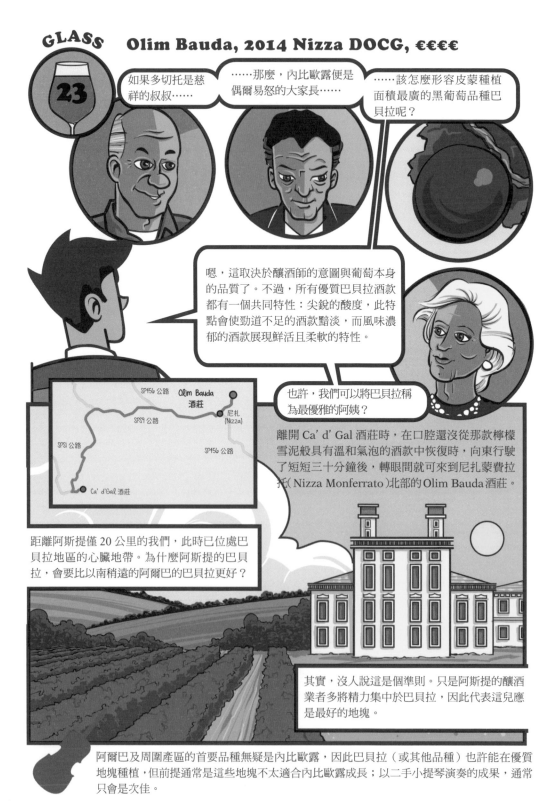

如果多切托是慈祥的叔叔⋯⋯

⋯⋯那麼，內比歐露便是偶爾易怒的大家長⋯⋯

⋯⋯該怎麼形容皮蒙種植面積最廣的黑葡萄品種巴貝拉呢？

嗯，這取決於釀酒師的意圖與葡萄本身的品質了。不過，所有優質巴貝拉酒款都有一個共同特性：尖銳的酸度，此特點會使勁道不足的酒款黯淡，而風味濃郁的酒款展現鮮活且柔軟的特性。

也許，我們可以將巴貝拉稱為最優雅的阿姨？

SP456 公路　Olim Bauda 酒莊

尼扎 (Nizza)

SP9 公路

SP51 公路

SP456 公路

Ca' d'Gal 酒莊

離開 Ca' d' Gal 酒莊時，在口腔還沒從那款檸檬雪泥般具有溫和氣泡的酒款中恢復時，向東行駛了短短三十分鐘後，轉眼間就可來到尼扎蒙費拉托（Nizza Monferrato）北部的 Olim Bauda 酒莊。

距離阿斯提僅 20 公里的我們，此時已位處巴貝拉地區的心臟地帶。為什麼阿斯提的巴貝拉，會要比以南稍遠的阿爾巴的巴貝拉更好？

其實，沒人說這是個準則。只是阿斯提的釀酒業者多將精力集中於巴貝拉，因此代表這兒應是最好的地塊。

阿爾巴及周圍產區的首要品種無疑是內比歐露，因此巴貝拉（或其他品種）也許能在優質地塊種植，但前提通常是這些地塊不太適合內比歐露成長；以二手小提琴演奏的成果，通常只會是次佳。

Sniff 的品飲筆記

這款酒聞起來很年輕，充滿芳香和純粹的果味，表示還需要幾年才能達到最佳適飲期。第一次聞起來有紅櫻桃、蔓越莓、扁桃仁和溫和的香草調性。這是會在杯中持續發展的酒款，但大約二十分鐘之後，飲者就能窺見了其未來的模樣（如果有耐心等待三到五年的話）：香氣讓人想到高品質烏龍茶、火焰柳橙刨皮，並以些許巴薩米克醋的還原味作結。口中尖挺的酸度提升果味的成熟和豐富調性，並以最新鮮的方式呈現。單寧柔軟，質地微帶粉狀，在釋放勁道之前提供了足夠的張力，使葡萄酒不受阻礙地流動，餘韻則持久且令人滿意。

巴貝拉是個無須釀酒師過多干擾即可發光發熱的品種。

解析

品飲筆記

它的新鮮與水果特性非常適合以不銹鋼等惰性容器熟成，有助於該品種保持鮮活特性。然而，這杯酒絕非僅止於一首讚頌櫻桃的簡單歌謠。

伴隨著這小果籃的風味，似乎是種更深沉、帶有土壤調性，近似於異國情調的主導風味。

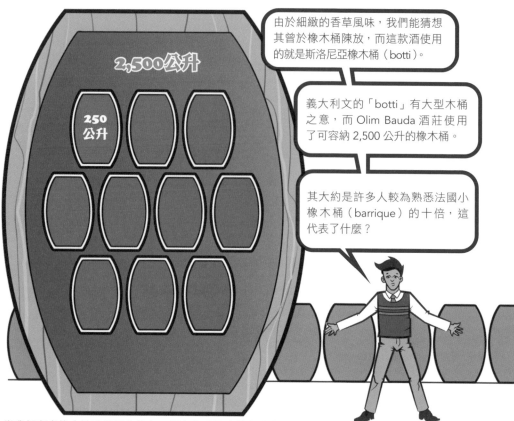

由於細緻的香草風味，我們能猜想其曾於橡木桶陳放，而這款酒使用的就是斯洛尼亞橡木桶（botti）。

義大利文的「botti」有大型木桶之意，而 Olim Bauda 酒莊使用了可容納 2,500 公升的橡木桶。

其大約是許多人較為熟悉法國小橡木桶（barrique）的十倍，這代表了什麼？

當我們考慮橡木散發香氣的能力，便會發現尺寸較大的斯洛維尼亞橡木桶與酒液的接觸表面積少相當多，橡木的影響因此大幅降低。

小橡木桶

大橡木桶　　**容器接觸表面積的比較**

這通常是一件好事（取決於葡萄酒欲釀造的風格），因為木材能為酒液帶來微小但嘗得到的香氣，同時讓酒液緩慢而穩定地與氧氣作用。

若使用過多新橡木，可能會導致酒液本身的風味與品質完全被木頭風味所屏蔽，飲者因此也無從認識酒款應有的樣貌。

不當使用新橡木也會使許多葡萄酒過於相似，雖然多了「國際化」風格，飲者也聞得到酒款的昂貴成本，卻會犧牲葡萄酒本身的個性與產區風格。其實，我想連釀酒人的心情也會徹底消逝殆盡。

氧氣有助軟化單寧質地，這款柔滑、光潔的巴貝拉酒款也得益如此，同時也因氧氣增加了額外的風味。

我們在布魯內洛（第4杯）與Marsala加烈酒（第35杯）中，會見到葡萄酒風格因氧氣形成的不同風味；長時間暴露於氧氣之下，不僅會改變葡萄酒，更會放大原本的風格。

這款酒的氧氣促成了半發酵茶一般的香氣，也就是些許草本和辛香料，還有恰如其分的巴薩米克醋調性。

影響葡萄酒品質的通常不僅限於釀酒過程，或特定品種表達自我的能力。

這款酒綿長的餘韻與其他正面特性，在在表示酒液培養期間其他變數的重要性，例如：

年份

葡萄樹齡

葡萄園坐向

葡萄園管理

皮蒙產區在2014年較具挑戰，七月的豪雨使農民將重心全放在可能影響葡萄樹和果實的黴菌感染（黴菌感染不但可能使果實腐壞，更有可能使其無法完全成熟）。

七月
JULY

幸運的是，到了九月，倖存的果實得以享受較理想的天氣，而巴貝拉等晚熟品種則有機會在十月初採收之前充分成熟。

九月

此年份與2013和2012年份一樣好嗎？

也許 2014 年少了前兩個年份的濃郁風味，但是我喜歡它現在展現的精緻個性。

如此風格的酒款需要酒農花費大量時間與精力整理葡萄園，並謹慎判斷能夠採收的果串（果實全為人工採收）。

如此一來，即使產量或產率下降，酒莊的葡萄依舊品質優良。

最後，我提到的地區指的就是巴貝拉阿斯提（Barbera d'Asti）中，三個公認副產區之一的 Nizza，此地向來以 100% 巴貝拉釀造優質美酒。

當地的土壤以砂質泥灰土（富含砂、黏土與石灰）為主，有助於巴貝拉發揮最佳狀態。

一杯 Olim Bauda 酒莊最好的葡萄酒，就能充分見識。

皮蒙推薦酒單

以下酒單也都是能代表皮蒙的最佳酒款。在如此廣大且富享盛譽的產區，列出詳盡無遺的選酒名單是不可能的任務，因此，我選擇了一些自己的最愛。各位會發現我不打算限制選酒的地理範圍，因此酒單中的內比歐露不只來自巴巴瑞斯柯，只要酒款來自皮蒙就有可能入選……，前提當然是能夠展現產區和品種的風格。

第 20 杯：多切托

1. Podere Luigi Einaudi, Vigna Tecc, Dogliani Superiore, € €
2. Pecchenino, Bricco Botti, Dogliani Superiore, € €
3. Abbona, Papà Celso, Dogliani, €
4. Claudio Alario, Sori Costafiore, Dolcetto di Diano d'Alba, €
5. Giuseppe Cortese, Trifolera, Dolcetto d'Alba, €
6. Ca' Viola, Barturot, Dolcetto d'Alba, € €

第 21 杯：內比歐露

1. Elvio Cogno, Ravera, Barolo, € € € € +
2. Guiseppe Rinaldi, Brunate, Barolo, € € € € +
3. G.D. Vajra, Bricco delle Viole, Barolo, €
4. Guiseppe Mascarello, Santo Stefano di Perno, Barolo, € € € € € +
5. Bartolo Mascarello, Barolo, € € € € +
6. Brovia, Rocche di Castiglione, Barolo, € € € € € +
7. Giacomo Conterno, Francia, Barolo, € € € € +
8. Piero Busso, Gallina, Barbaresco, € € € € +
9. Castello di Verduno, Rabajà, Barbaresco, € € €
10. Gaja, Barbaresco, € € € € +
11. Bruno Giacosa, Asili, Barbaresco, € € € € +
12. Produttori del Barbaresco, Barbaresco, € € €
13. Roagna, Pajé, Barbaresco, € € € € +
14. Cantina dei Produttori Nebbiolo di Carema, Etichetta Bianca Riserva, € € €
15. Il Chiosso, Ghemme, € € €
16. Toraccia del Piantavigna, Ghemme, € € €
17. Le Prevostura, Lessona, € € €

第 22 杯：阿斯提蜜思嘉

1. Paolo Saracco, € €
2. Elio Perrone, Sourgal, €
3. Borgo Maragliano, La Caliera, € €
4. G.D. Vajra, € €
5. Tenuta Il Falchetto, Tenuta del Fant, €
6. Gianni Doglia, Casa di Biancha, € €
7. I Vignaioli di Santo Stefano, € €

第 23 杯：巴貝拉

1. Vietti, Vigna Vecchia Scarrone, Barbera d'Alba, € € € €
2. Elio Grasso, Vigna Martina, Barbera d'Alba, € €
3. Elvio Cogno, pre-phylloxera, Barbera d'Alba, € € € € €
4. Braida, Bricco dell'Uccellone, Barbera d'Asti, € € € €
5. Coppo, Pomorosso, Barbera d'Asti, € € € €
6. Luigi Spertino, La Mandorla, Barbera d'Asti Superiore, € € € €
7. Scarpa, La Bogliona, Barbera d'Asti, € € €
8. Giulio Accornero e Figli, Bricco Battista, Barbera del Monferrato Superiore, € € € €

奧斯塔谷 Valle d'Aosta

待嘗美酒

24. GrosJean, Petite Arvine Vigne Rovettaz, 2016, Valleé d'Aoste DOC

GrosJean, Petite Arvine Vigne Rovettaz, 2016, Valle d'Aosta DOC, €€

皮蒙的旅程相當豪華。

精緻的美食與頂級的葡萄酒，令人無論走到哪裡臉上都會掛滿了微笑，荷包漸漸扁平時，褲子也越來越緊。

離開了享樂主義的避風港，也許各位會有些沮喪，然而一旦啟程前往奧斯塔谷令人敬畏的山區，這份悲傷想必很快就會消散。

GrosJean Vins 酒莊
奧斯塔 (Aosta)
A5 公路 A4 公路
米蘭
SS25 公路
A26 公路 A53 公路
杜林 (Torino) A21 公路
Olim Bauda 酒莊

阿爾卑斯山散發著一種氣質，越靠近，越發令人保持沉默。

即使我們取道最快路線，也就是繞過杜林，再沿著 A5 公路經過奧斯塔谷地到達目的地，也不僅僅是平凡無趣地從一地移到另一地，簡直如同又踏上了一趟美景遊覽。

就像是利古里亞，這個遙遠而獨特的地區也讓我忍不住為各位規畫一些額外的休閒活動。

無論是滑雪愛好者、健行者或自行車騎士，都不應該錯過在這座山渡過一段時間的機會。

在奧斯塔谷地待上一段時間，會是美不勝收又充滿文化洗禮的體驗，但如果各位想找稍微安靜一些的去處，不妨前往以科涅（Cogne）鎮為中心的 Gran Paradiso 國家公園。這座魅力無窮的小鎮可以盡情欣賞同名山峰令人驚嘆的美景，然後把它們放進每一張照片裡。

在選擇該產區代表酒款時，我看中了一款非當地原生品種。確實，這樣的選擇有些古怪。

該品種的原生地是瑞士的瓦萊州（Valais）

不過，對我而言，小奧銘（Petite Arvine）才是終極的山區葡萄酒。

小奧銘的酒體宏大又氣派，風格鮮明而且超酷。這款由 GrosJean 兄弟釀造的小奧銘酒款，清楚呈現了此品種的面向。

Sniff 的品飲筆記

酒色也許淺淡，但說到香氣與個性，這款酒什麼都不缺。香氣以粉紅葡萄柚為主，佐以檸檬皮和少許油桃氣味。入口後，充滿了鹽味，口感寬廣但不乏能清潔味蕾的酸度，第一次接觸此款酒時留下的回憶定為既奔放又充滿活力。這杯酒風味持久，餘韻雖然不如偉大酒款來得綿長，卻依舊值得列為義大利最引人入勝的白酒之一（這是圈內人在看餐廳酒單才知道的秘密，之所以沒能成為常見的單杯酒，僅是因為此品種相對稀有）。

品飲筆記

小奧銘被歸類為半芳香品種，難怪這款酒從一開始便散發了芬芳的香氣。

柑橘和鹽味是該品種和產區的特色，此處多數白酒還散發著一種如「礦物質」（石頭、岩石或非水果的束西）的調性，因此是漫長整天戶外活動後，最理想的解渴飲品。

一般來說，我們不常在同一品種中發現飽滿的酒體和水晶般清澈的酸度；少數兼具兩者的品種包括法國的白稍楠、匈牙利的弗明（Furmint），或表現最佳的義大利維爾帝奇歐（Trebbiano di Soave）。這支小奧銘不但兩者兼具，表現更是令人滿意。

這杯酒的飽滿酒體來自小奧銘能大量累積糖分的天性，隨著糖發酵轉化成酒精，酒體自然飽滿，不過，酒款同時也擁有極高酸度。

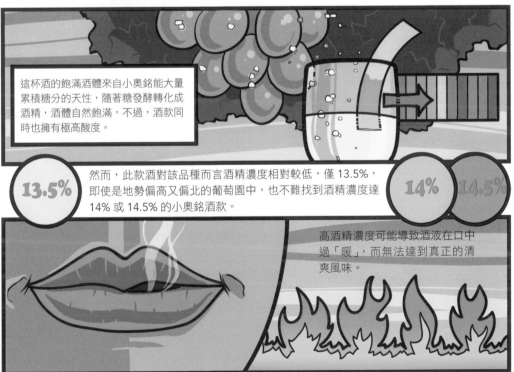

13.5%

然而，此款酒對該品種而言酒精濃度相對較低，僅 13.5%，即使是地勢偏高又偏北的葡萄園中，也不難找到酒精濃度達 14% 或 14.5% 的小奧銘酒款。

14% **14.5%**

高酒精濃度可能導致酒液在口中過「暖」，而無法達到真正的清爽風味。

這款酒的活力與純粹與 Rovettaz 葡萄園有很大的關係。該葡萄園位於海拔 550 公尺，由於受到背風處往下吹拂的溫熱乾燥 Föhn 風影響，鮮少出現腐敗或黴菌等疾病。

這對小奧銘尤其有利，因為該品種果串緊密，若沒有 Föhn 風的幫助，乾燥速度會較緩慢。

餘韻，是評鑑一款酒品質的關鍵指標之一。

如此一款低於 20 歐元的酒款，當然只會讚賞其優於平均值的持久。

目前還很難評估小奧銘是否具有出色的釀造能力。出了原生產區後，其實很難找到該品種的酒款，但各位以 GrosJean 的這款酒作為標準，一旦找到更傑出的酒款，無疑就是有幸遇到非常頂級的美釀。

奧斯塔谷推薦酒單

第 24 杯：小奧銘

1. Château Feuillet, € €

2. Elio Ottin, € €

3. Les Crêtes, € €

阿布魯佐 Abruzzo

南部

過去曾有一段時間，在討論到義大利最優質的葡萄酒時，幾乎沒有任何人會想到南義的多數產區。

但是，從地圖而言這極不合理，因為拉契優（Lazio）以南，許多行政大區的西岸均屬地中海型氣候，理應能釀出許多令人印象深刻的美酒，而非僅有少數酒莊做到。

這裡溫暖的夏季的確可能會使某些品種失去新鮮或鮮明特性，但義大利之所以成為葡萄酒大國，正是因為多元的地形樣貌。

亞平寧山脈（Appenines）的山麓丘陵、武圖雷（Vulture）與埃特納（Etna）火山的高海拔坡地，以及普利亞（Puglia）強風吹拂的喀斯特高原（Karst plateau）等，都因具備不同地理特徵而減緩當地炎熱氣溫。

因此，對於追求高品質葡萄酒的業者而言，生產優質酒款所需的中型氣候，其實已經存在了，在這塊土地辛勤工作的人們只須有更強烈的企圖心與信念，便能實現土地的潛力。

幸運的是，這樣的認知在過去二十年來，已經成功復興了許多南義葡萄酒。

最容易獲得這種自信的新興產區，包括普利亞、巴西里卡達、坎佩尼亞、薩丁尼亞與西西里等行政大區。而我們從南義選出的第一個便是阿布魯佐。

阿布魯佐

普利亞

坎帕尼亞
（Campania）

巴西里卡達
（Basilicata）

薩丁尼亞
（Sardegna）

西西里
（Sicilia）

Cataldi Madonna, 'Malandrino' 2016, Montepulciano d'Abruzzo DOC, €€

為了便於本書介紹，我們選擇以阿布魯佐做為通往南義的第一道大門。

為什麼？

科莫（Como）

佩斯卡拉（Pescara）

雷契（Lecce）

阿布魯佐看似位處義大利中心，但其主要港口佩斯卡拉（Pescara）離義大利「腳跟」城市雷契（Lecce）的距離，卻短了義大利最北的科莫城（知名科莫湖南端的城市）整整150公里。

不過，地理位置只是原因之一。明顯的地中海型氣候也使這裡成為探索南義產區最理想的第一站；當然概念上也是。

義大利財力最雄厚的地區向來是北部幾個行政大區。從歷史而言，也確實反映了葡萄酒生產的品質和名聲。

就像剛剛提到的，一切都正在改變，如今新一代的南義釀酒人不但更有信心，也更關注品質的提升，他們正將南部地區的葡萄酒朝向能與傳奇的北部鄰居並列的方向前進，甚至希望超越其品質。

如果各位計畫飛往南義，從羅馬出發可能既方便又划算。

各位可以先在羅馬任何一座機場租車，再驅車三小時穿越亞平寧山脈，三小時後，就會來到本書下一個隱身 Gran Sasso 國家公園中的奧費納城（Ofena）。

我們會在這裡找到第一杯阿布魯佐酒款，這杯酒的品種與城市同名，也就是果皮深黑的蒙鐵布奇亞諾。

Sniff 的品飲筆記

以深色果味為主的年輕香氣撲鼻而來，非常吸引人，包括黑櫻桃、李子和類似覆盆莓的香氛。此外，還展現了誘人的草本調性，讓人想起冬季傍晚享用的義大利燉菜（spezzatino）中，增添風味的香料香草包（牛至和月桂葉等，或是這款酒中的莫角蘭？）入口後，風味和香氣如出一轍。這款有些質樸且略顯有稜有角的蒙鐵布奇亞諾，似乎不同於其他同類型酒款；確實，其單寧勁道十足且帶有嚼勁，而爽脆的酸度也為酒款帶來更多形狀明確的風格，不像其他同品種但品質欠佳且較艱澀的酒款。

少數位於奧費納附近山坡的酒莊，度過了並不輕鬆的 2016 年。

解析

品飲筆記

由於這裡位處山脈陰影之下，起伏的地形擋住了地中海溫暖潮濕的空氣，使得霜凍成為常見的困擾。

Malandrino 紅酒

Cataldi Madonna 酒莊所有葡萄園均位於海拔 400 公尺以上，情況因此更加惡化。

2016 年嫩芽萌發時，剛好遇上了寒冷的春天，霜凍因此摧毀了近三分之一的新芽，當年產率少了約三分之一。

品質也會因為產率降低而受到影響，因為當葡萄短少，釀酒業者能夠選擇的果實數量，自然也變得較少。

此時，業者仍必須承擔相同的經營成本，免不了還須滿足希望獲得一定配額的客戶。因此，對於釀酒業者，在每一年份保持一樣的高水準表現，遠比想像中來得複雜，尤其是酒莊位於容易發生霜凍的產區。

對於固定購買這款酒不同年份的飲者而言，可能會發現 2016 年比其他年份輕薄，不過，對於其爽脆的酸度與易飲的表現，我們實在應該珍惜，而非失望。

這杯酒的深色果味與香氛，始終是蒙鐵布奇亞諾公認的特徵，但這款酒與眾不同且出色之處，是它的果味澄淨。

就如同法國的希哈、西班牙的慕維得爾，以及義大利的 Nerello Mascalese，蒙鐵布奇亞諾也歸類為「還原」品種，也就是它們擁有天生的抗氧化力。

但是，這到底是什麼意思？釀酒師兼作家的 Clark Smith 解釋得相當清楚，

「還原強度是指葡萄酒在沒有累積溶解氧氣量的同時，消耗氧氣的速率。」

以消費者的角度來看，這純粹表示葡萄酒（尤其是年輕時）會帶點肉、血腥或鹹鮮風味，有時稍有鑄造廠或汽車修理店的味道（熱鐵和柴油味），因此多數這類酒款不以水果為主要調性。

為了抵消這些香氣，釀酒業者常使用有助緩慢氧化的容器熟成蒙鐵布奇亞諾，例如讓酒液呼吸的橡木桶等。不過，酒款往往會因此擁有額外風味（特別是當培養容器較新），然而這並非莊主所樂見。

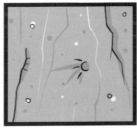

因此，酒莊以惰性容器（如不銹鋼槽和水泥槽）熟成葡萄酒，讓品種綻放天然特性與香氣，並定期進行徹底換桶（移除酵母渣或傾倒出酒液），讓酒液與氧氣接觸，避免上述非果香調性成為最主要的風味。

當然，我們葡萄園的地理位置對這款酒整體風格也有重要的影響。

葡萄園在生長季（八至九月）結束之前，日夜溫差極高，一天中最涼與最熱的差距往往高達 15° C，有助果實保留酸度與香氣。

在今日這種令人不安的氣候變遷時期，造訪 Cataldi Madonna 酒莊甚至有機會順道拜訪歐洲最南端的冰川 Calderone，並親眼目睹冰川由亞平寧山脈最高峰 Corno Grande 落下的景象。

這些迅速消失的大自然奇景，提醒著我們每一個人都必須努力降低自己對周圍脆弱的環境帶來的影響。

GLASS

26

Valle Reale, Vigna del Convento di Capestrano 2015, Trebbiano d'Abruzzo DOC, €€€€

不論什麼季節，從 Cataldi Madonna 酒莊向南驅車前往 Valle Reale 酒莊的旅程，都相當輕鬆且充滿樂趣，而且即使是最謹慎的駕駛也能在三十分鐘內順利抵達。

沿路左側還有 Gran Sasso 國家公園相伴，右手邊望去則能夠目睹 Sirente Velino 地區公園。

我們短暫穿越了荒涼且維護良好的環境，繼續行駛在地形崎嶇的阿布魯佐大區。畢竟，義大利中部最獨特且刺激的美釀，正是來自這些山脈。

SS602 公路

SS153 公路

Valle Reale 酒莊

SS17 公路

Cataldi Madonna 酒莊

Trebbiano d'Abruzzese 是接下來這杯酒的品種。這是一個容易引人誤會的品種，因為名稱看似屬於「崔比亞諾」家族，但其實不然。

不過，好險它不屬於崔比亞諾品種家族。

為什麼？

Trebbiano Toscano 是義大利種植最廣泛的白葡萄品種。此品種酸度極高，但此外便沒有其他特色了，並因為過於中性，而被視為二流品種。

Trebbiano d'Abruzzese 可能沒有年輕白蘇維濃或蜜思嘉的獨特香氣，但是，一旦遇上了對的釀酒師，其酒體和規模可要遠遠超過另一個與其同名的品種。我們接下來要品嘗的這杯酒的個性又更加明顯……

Sniff 的品飲筆記

初聞可能不覺得其香氣濃郁，但這杯 Valle Reale 酒莊的「Vigna del Convento」依舊令人印象深刻。這款酒的主要香氣包括檸檬皮、淡淡蜂蜜香與草原花卉，另有些許類似鹽味或樹脂味，但較難辨別。這杯酒最令人印象深刻的，並非鼻中的香氣，而仍是口中白堊和讓人不停咂嘴的質地。其成功秘訣是集中濃郁的風味，而非勁道。有點像以香水點在身體特定部位，目的是吸引人，而非攻擊人，如此才能創造出長存的香氣回憶（或說是風味回憶），這便是這款酒的目的。最後，這杯酒也許緊繃且直接，但也有輕撫味蕾的質地，能緩和原本可能過於艱澀的酸度。

就像是來自阿爾卑斯山腳下奧斯塔谷產區的第 24 杯小奧銘，孕育自天候較冷涼的大陸型氣候的葡萄酒，似乎能有效地表現出環境的清澈。

解析

品飲筆記

這款酒展現了柑橘調性和微妙的香氣，包括多種花香與植物調性。這些植物都在阿布魯佐占地廣大的公園中茂盛生長且茁壯。

另一個明顯影響葡萄酒香氣的元素之一，就是酵母。

這款酒的葡萄園占地僅 0.8 公頃。之所以能獨立釀造單一葡萄酒酒款，主要是因為此葡萄園內的皮上酵母有明顯不同於其他地區的芳香氣息。

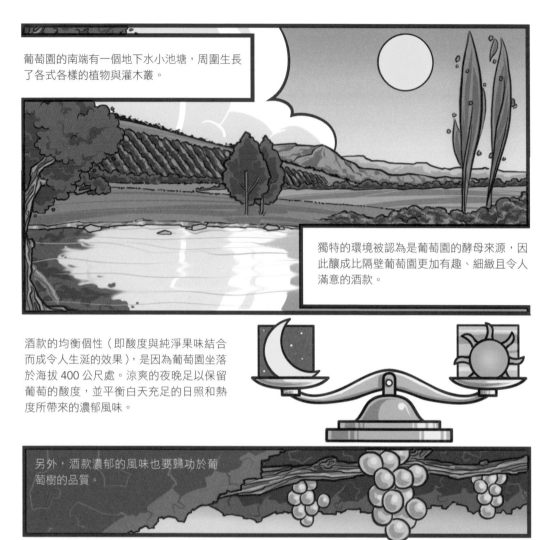

葡萄園的南端有一個地下水小池塘，周圍生長了各式各樣的植物與灌木叢。

獨特的環境被認為是葡萄園的酵母來源，因此釀成比隔壁葡萄園更加有趣、細緻且令人滿意的酒款。

酒款的均衡個性（即酸度與純淨果味結合而成令人生涎的效果），是因為葡萄園坐落於海拔 400 公尺處。涼爽的夜晚足以保留葡萄的酸度，並平衡白天充足的日照和熱度所帶來的濃郁風味。

另外，酒款濃郁的風味也要歸功於葡萄樹的品質。

我們都知道，無論多麼努力工作，多數人都無法成為最敏捷、強大、聰明，以及在專業領域最優秀的精英份子，因為每一個人的基因不同；我們都沒有美國非裔田徑運動員 Jesse Owens、小威廉斯（Serena Williams）或愛因斯坦的基因。

Valle Reale 酒莊的葡萄園和當地多數相同，始終致力於蒙鐵布奇亞諾的生產。

酒莊的現任業主 Pizzolo 家族於 1998 年開始進行一項計畫：找出酒莊最好地塊和葡萄樹，並以此為藍圖，緩步重種並升級葡萄園，將重點放在蒙鐵布奇亞諾和有機耕作。

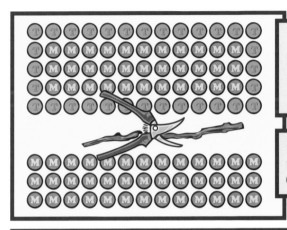

但就像該地區許多葡萄園，蒙鐵布奇亞諾的地塊外圍常種有一排 Trebbiano d'Abruzzese。酒莊因此找出了表現最優異的 Trebbiano d'Abruzzese，並以這些葡萄樹的剪枝創立了一塊新葡萄園。

如此的仔細挑選，有助於確保葡萄樹的品質，能釀出深刻而非平淡無奇的酒款，創造維梅爾（Vermeer）[1] 而非維里安諾（Vettriano）[2]。

酒莊僅以不銹鋼槽培養，因此風味純粹且集中。

這杯酒鮮少人工干涉，酒莊甚至讓當地酵母在不受限制的溫度之下進行發酵。

即使已死亡，堆積於槽底的酵母仍會繼續影響上方的酒液發展，增加微妙的綿密質地，同時有助防止酒液受到氧化的負面影響。

雖不能以滋味豐富形容，但此酒款確實質地圓潤，因為酒液曾與酵母渣經過長時間的培養。

其鮮明的濃郁程度或集中風味，並非源自單一的釀酒決策、特殊的葡萄栽培管理方式或產地。

無疑是所有元素集結而成，以這款酒而言，更是不爭的事實。

如果只能選擇一項為這款酒增加更多層次的元素，那麼，熟悉 Valle Reale 酒莊的人，想必都會歸功於池塘附近的微型氣候與酵母酒菌種；這是貨真價實的優質葡萄酒綠洲。

1. 譯註：Johannes Vermeer（1632～1675），荷蘭黃金時期畫家，作品包括《戴珍珠耳環的少女》等。
2. 譯註：Jack Vettriano（1951～），當代英國畫家，因作品《唱歌的巴特勒》（The Singing Butler）一舉成名。

阿布魯佐推薦酒單

第 25 杯：阿布魯佐—蒙特布奇亞諾

1. Tiberio, Colle Vota, € € €

2. Torre dei Beati, Cocciapazza, € € €

3. Valle Reale, San Calisto, € € €

4. Casal Thaulero, Orsetto Oro, € €

5.Villa Medoro, €

第 26 杯：Trebbiano d'Abruzzese

1. Tibeiro, Fonte Canale, € € € € €

2. Valentini, € € € € € +

3. Torre dei Beati, Bianchi Grilli per la Testa, €€

普利亞 Apulia

普利亞

從阿布魯佐內陸多山地區向南行駛，首先會來到面積較小的 Molise 產區，接著才是更大的普利亞產區。這兒地勢逐漸平坦、低矮，沿岸海風強烈且豔陽高照。

以地理情況而言，普利亞和這座半島其他地區相比，顯得較缺乏義大利的風情。

不斷升降的地勢，似乎是構成義大利地平線的一部分，這是亞平寧山脈貫穿義大利半島使然。但是，普利亞卻不然，這兒見不到起伏的地勢，當遠離雷契和巴里（Bari）的壯觀城景時，唯一提醒旅客自己身在何處的恐怕只有生長在低矮紅土的一株株橄欖樹。

不過，缺乏戲劇化的地勢起伏，並不會阻止各位繼續造訪義大利的靴跟產區

不管身處何處，只要人在普利亞，就永遠不會離大海太遠，血液中海水濃度高於血水之人，一定頗為讚賞。這裡一側是亞得里亞海，另一側則有從愛奧尼亞海自希臘吹來乾熱的 Sirocco 焚風。

起司愛好者還可以在此處體驗最上乘的莫札瑞拉起司（Mozzarella，坎帕尼亞的愛好者們，抱歉囉！）帶點纖維感的扭結莫札瑞拉（nodi-ni）就像是迷你可頌，尤其可口。

只須塗上一層帶有青蘋果和草香的橄欖油（在地的最好），再撒上一點鹽，扭結莫札瑞拉就成為了極致美食；這證明只要搭配恰當，最樸實的食材也能創造最傑出的美食。

GLASS 27 — Tenute Chiaromonte, Muro Sant'Angelo 2017, Gioia del Colle DOC, €€€

1997 年某天晚上，我坐在北約克郡（North Yorkshire）斯卡波羅（Scarborough）一間二樓出租公寓裡（由愛德華時代建築的露臺改建），品飲一瓶來自 Salice Salentino 產區的黑曼羅。

我已經忘了確切日期和酒莊名稱，但我記得自己喝的那款酒意義深長，而且有一定的重要性。我的心情和腦袋都受到了相當大的刺激，當時的我全神灌注於這瓶酒。

為什麼這麼重要？

也許從較廣大的層面來看，這不太重要，但與南義最謙虛的英雄相遇的那個時刻，恰巧是我可能將葡萄酒為志業的時刻……，只是當下的我還沒意識到。

不過，為什麼第 27 杯不直接選用來自 Salice Salentino 產區的黑曼羅呢？

不只是因為我決定以黑曼羅粉紅酒做為第 28 杯，其實，即使黑曼羅的品質再怎麼優秀，都稱不上普利亞最重要的紅酒品種（至少從外銷市場的角度而言）。這個頭銜屬於普里蜜提弗（Primitivo），這是口感寬廣、帶有黑色果味的品種，並擁有巴爾幹克羅埃西亞的血統。

182

Manduria是普利亞最享負盛名的普里蜜提弗產區。

儘管這裡擁有部分傑出酒款，但我更喜歡來自Gioia del Colle 產區的普里蜜提弗，其擁有明顯的新鮮和平衡姿態。

這裡靠近義大利靴跟的愛奧尼亞海，海拔較低，能展現普里蜜提弗的寬廣酒體，但絲毫無法以內斂形容。這些酒款通常有高酒精濃度（DOC 規定至少為14%）、果味和酒體，但酸度和單寧偏低。

Gioia del Colle 產區的石灰岩高原 Murge 為何能讓葡萄酒展現這些特色？讓我們以 Chiaromonte 酒莊出色的「Muro Sant'Angelo」酒款進一步探討。

Sniff 的品飲筆記

這款酒非常吸引人，富含黑色水果（如黑莓和李子）與成熟蘋果香氣，如同剛出爐的黑莓派與蘋果派等溫暖香氣。酒款略帶果乾（蔓越莓和橙皮？）香氣，伴隨些許肉桂棒的辛香料氣味，增添了異國調性。但是，也許我女兒的描述才最為明確：她乍聞之下就形容這像是英國綜合果汁品牌 Vimto。入口後，熱情洋溢的風味和香氣如出一轍，但甜美果味和鮮美口感宛如半干型酒款。酒體飽滿，但帶有通寧水般的鹹味，因此嘗來新鮮，不會出現果醬般的黏膩。單寧則有足夠的勁道和摩擦感，能平衡口中大量的成熟果味。餘韻略顯溫暖口感，絲毫不影響適飲程度、愉悅感或續杯的渴望。

普里蜜提弗是特色鮮明的品種，無論身在普利亞或加州（當地稱為金粉黛〔Zinfandel〕），此品種優質酒款大多同時展現新鮮、深色水果與果乾風味，這通常源於果實成熟不均。

除非特別以手工揀選葡萄串或果實，否則這種成熟不均的特性常常來自包含了未熟、成熟與過熟的果實，有些甚至已經變成了葡萄乾。

混和的果實成熟度能透露部分此酒款特性的源頭。

剛剛的品飲筆記提到了成熟蘋果風味，此與氧化有關，可能因為有少量葡萄乾一同進入發酵。

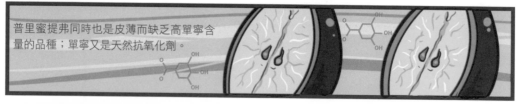

普里蜜提弗同時也是皮薄而缺乏高單寧含量的品種；單寧又是天然抗氧化劑。

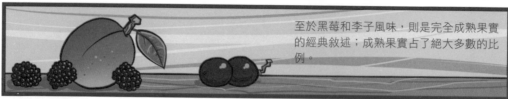

至於黑莓和李子風味，則是完全成熟果實的經典敘述；成熟果實占了絕大多數的比例。

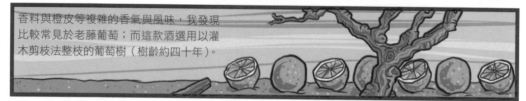

香料與橙皮等複雜的香氣與風味，我發現比較常見於老藤葡萄；而這款酒選用以灌木剪枝法整枝的葡萄樹（樹齡約四十年）。

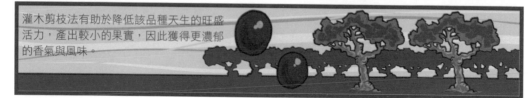

灌木剪枝法有助於降低該品種天生的旺盛活力，產出較小的果實，因此獲得更濃郁的香氣與風味。

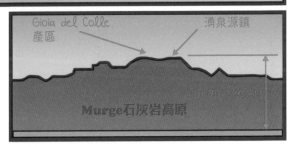

酸度

若從結構分析，這款酒之所以令人享受可能是因為酒中刺激的酸度。

Murge 石灰岩高原所屬的 Gioia del Colle 產區和鄰鎮湧泉源（Acquaviva delle Fonti，即 Chiaromonte 酒莊所在地）皆位於海拔 350 ～ 400 公尺的地區。高度有助於減緩天生早熟的普里蜜提弗成熟的速度，讓當地的葡萄能維持相較於低地 Manduria 產區更高的酸度。

Gioia del Colle 產區

湧泉源鎮

Murge石灰岩高原

15.5%

不過，這不代表其酒體不如南部的普里蜜提弗；這杯酒的酒精濃度其實約有 15.5%，但是其酸度和甜美單寧形成的新鮮感，讓這款酒非但不害羞，更控制得宜，不顯笨拙。

遇到這類具備濃郁甜美果味的品種時，我發現許多釀酒師竟然選擇以新橡木桶培養，徹底摧毀普里蜜提弗天生的驚人活力，實在可惜。

當然，橡木桶的風味確實會為酒液增添額外的複雜風味，但普里蜜提弗純淨的表現其實相當美好，我們難道不該謹慎處理（並且珍惜？）

這款酒僅使用不銹鋼槽熟成十二個月，酒款因此既有活力又澄澈。

Primitivo

也是因為如此，我選擇了「Muro Sant'Angelo」酒款，因為無論外觀、香氣或風味，都符合普里蜜提弗的經典風格。

我曾經談到餘韻的長短是評估酒款品質的標準之一，而這款酒入喉的許久之後依舊留有甜美餘韻，證實了酒款的高品質。

這杯酒並非 Chiaromonte 酒莊「最好」或最昂貴的酒款，但仍然是以精心挑選的葡萄產出的美酒。

此酒款選用湧泉源鎮附近葡萄園「最好」的果實釀造，其餘沒選中的果實則列為這座高品質葡萄園的「次要」葡萄。

其實，我敢說購買 Chiaromonte 酒莊的任何酒款都是明智之舉，而我很少敢這樣推薦一家酒莊。

此酒莊具有從這個普利亞代表性品種汲取每一滴精力和優雅的能力，使每一口酒都滿載知識、愉悅和啟發性。

Leone de Castris, Five Roses 75° Anniversario, 2018（建議選購最新年份）, Salento IGT, €€

討論義大利葡萄酒，不能漏了粉紅酒，而且不能只是向粉紅酒類型致意而已。

完全不是如此，義大利擁有越來越多的優質粉紅酒，例如阿布魯佐的 Cerasuolos 或 Lugana 的 Chiaretto。不過，一款代表義大利粉紅酒勢必要選自普利亞（尤其是 Salento 產區），畢竟這裡是全義粉紅酒最先裝瓶並商業化販售的地方。

在眾多 Salento 產區酒款中，最知名的莫過於「Five Roses」。

也許各位因為本書出現如此廣為人知的品牌而驚訝，但是，這無疑是一款「好酒」。

一款酒的優秀與否，並非取決於產量（無論是當地「精品」小量生產，或是在地合作社大量生產）。

Leone de Castris 酒莊規模龐大又成功，其極為可口的代表就是「Five Roses」酒款。

這款酒的首度年份是 1943 年，當時的業主 Piero Leone Plantera 擁有卓越的企業家才能，選擇回收美國啤酒瓶裝瓶；由於美軍當時進駐義大利，啤酒瓶幾乎遍地皆是（別忘了，那時是二戰期間）。

他與美國人簽了合約，將這款酒出口至美國市場。

以英文命名的「Five Roses」酒款占據了更多優勢，這是 Leone de Castris 家族另一個相當成功的非凡商業策略。

此名稱降低了英語市場可能產生的生疏感，讓這款酒更為親切。

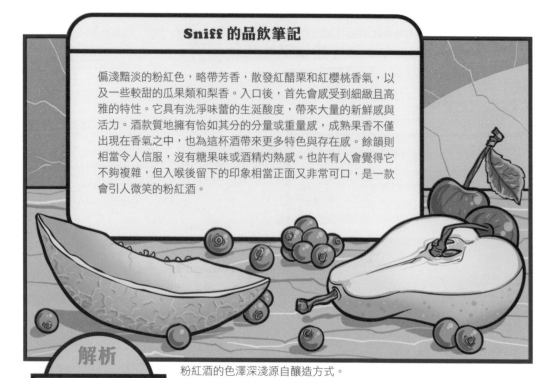

Sniff 的品飲筆記

偏淺黯淡的粉紅色，略帶芳香，散發紅醋栗和紅櫻桃香氣，以及一些較甜的瓜果類和梨香。入口後，首先會感受到細緻且高雅的特性。它具有洗淨味蕾的生涯酸度，帶來大量的新鮮感與活力。酒款質地擁有恰如其分的分量或重量感，成熟果香不僅出現在香氣之中，也為這杯酒帶來更多特色與存在感。餘韻則相當令人信服，沒有糖果味或酒精灼熱感。也許有人會覺得它不夠複雜，但入喉後留下的印象相當正面又非常可口，是一款會引人微笑的粉紅酒。

粉紅酒的色澤深淺源自釀造方式。

解析

品飲筆記

綜觀歷史，義大利許多粉紅色是以「放血法」（salasso）釀成，也就是用來釀粉紅酒的果汁，是先從欲釀造紅酒的槽中流出部分。

由於果汁曾與富含花青素的果皮浸漬，釀成的粉紅酒因此酒色明顯較深。

粉紅酒　　　　　　紅酒

從釀造方法的轉變，就能看出粉紅酒的地位在義大利與整個西方世界都正在提升（亞洲除外）。

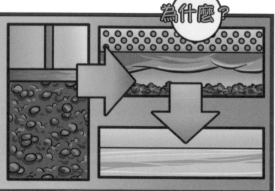

為什麼？

因為，若是使用「直接壓榨法」就是將葡萄破皮後立即導入壓榨機，以減少果汁與果皮接觸的時間，所以這種方式只會用在特地釀成粉紅酒的紅葡萄。

也就是說，我們這杯粉紅酒可不是釀造紅酒的副產品，它是擁有自己地位的「真正」葡萄酒。

不過，這影響的不只是酒色。

入口後帶有充足的酸度，輕巧而細緻。
入喉時沒有灼熱感，否則可能像消化
酒，而非開胃用酒和／或與食物如此合
拍的佐餐酒。

明顯亮麗的酸度，代表酒莊的葡萄採收時間比紅酒更早。

約兩週

採收釀造粉紅酒的葡萄　　　　　　　　　　　採收釀造紅酒的葡萄

如此能確保這款粉紅酒的酸度，不至於降低到酒液顯得軟弱、鬆散，以維持其堅實具清新的特質。

而它的酒體宛如擺放整齊
的框架一般，也是葡萄早
收的證明

隨著葡萄成熟，糖分迅速累積，而酸度則
逐漸降低。

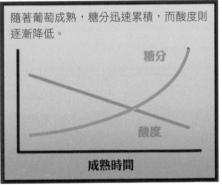

糖分

酸度

成熟時間

發酵過程中，酵母可消耗轉化的糖分也跟著增
加，酒精濃度自然較高。

這款酒的酒精濃度僅 12%，這
是最能賦予葡萄酒明顯酒體的濃
度；再次證明酒莊為了此酒不顯
疲軟而精心選擇採收日期。

此外，這款酒沒有炙熱的口
感，也是因為酒精濃度適量
而不過高，再次幫助這款粉
紅酒成功保持平衡和口感的
流暢。

189

杯中的香氣源自這款酒的品種，以及某種程度而言的發酵溫度。

另外 20% 則是黑馬爾瓦西亞（Malvasia Nera）。此品種是黑曼羅的後代之一，也更具芬芳香氣。

Salento 產區最主要的紅酒品種（以及當地酒款 80% 所用品種）就是黑曼羅。此品種不但有大量的水果風味，提早採收時還能保留充沛且帶有內斂芳香的酸度。

這即是紅醋栗與櫻桃香氣的主要來源。

至於梨和瓜的個性，則與低溫發酵有關（11 ～ 15°C）。

以此溫度發酵的葡萄酒會產生並保留許多濃郁氣味（至少在短期內），這是許多揮發性酯類形成的結果。

最後，這款酒擁有令人滿意的水果豐滿質地。

少數酒款中，較早（或過早？）採收的葡萄會提供充足的酸度，但往往也會犧牲酒款的風味或水果調性。

然而，這杯酒沒有此問題。

這款粉紅酒曾短暫與酒渣浸漬以增加水果的甜味，只消短短三個月，便可為酒款增添充足果味，因此既能單獨享用，也適合搭配餐點。

這也是評鑑所有義大利粉紅酒的標準。

普利亞推薦酒單

第 27 杯：普里蜜提弗

1.Coppi, Senatore, Gioia del Colle, € € €

2.Polvanera, Gioia del Colle, € € €

3.Vito Donato Giuliani, Baronaggio Riserva, Gioia del Colle, € € €

4.Felline, Primitivo di Manduria, € € €

5.Gianfranco Fino, Es, Primitivo di Manduria, € € € € €

6.Cantine Paolo Leo, Passo del Cardinale, Primitivo di Manduria, € €

第 28 杯：普利亞粉紅酒

1. Garofano, Girofle, Salento IGP, €

2. Pietraventosa, Est Rosa, Murgia IGT, € €

3. Rivera, Rosé, Castel del Monte, €

4. Agricole Vallone, Rosato Vigna Flaminio, Brindisi, €

巴西里卡塔與坎帕尼亞
Basilicata and Campania

待售美酒
29. Elena Fucci, Titolo 2016, Aglianico del Vuture DOC €€€€
30. Mustilli, Artus 2016, Piedirosso Sannio Sant'Agata dei Goti DOC €€
31. Cantine I Favati, Pietramara 2017, Fiano di Avellino DOCG €€

巴西里卡塔

巴西里卡達多山、人煙稀少，還有點不修邊幅，自然鮮少有義大利旅客將此地納入行程。

另外，相較於普利亞的巴里和坎帕尼亞的拿坡里（Napoli），巴西里卡達缺乏地位一樣重要的交通樞紐大城，因此位於義大利半島腳背和踝骨部位的巴西里卡達，很難短時間內獲得眾人欣賞。

（地圖標示）
Elena Fucci 酒莊
SS655 公路
E847 公路
E843 公路
SS72 公路
Leon De Castris 酒莊

不過，願意耗費額外時間與金錢一探此處的旅客，將得到相當豐厚的回報。各位能在歐盟列為「2019年歐洲文化之都」的馬特拉（Matera）佇足欣賞。

此處擄獲旅人想像地的，不只有馬特拉史前古鎮的 Sassi 穴居人住所，

還有值得讚賞的葡萄酒，

且令人難忘。

Elena Fucci, Titolo 2016, Aglianico del Vuture DOC, €€€€

在寒冷、潮濕且陰沉的一月早晨動身離開地勢低平的雷契，可能不是想像中的地中海南部旅行。

然而，這種季節性的寒冷其實非常普遍。因為來自巴爾幹的冷空氣「Bora」，被希臘北風之神「Boreas」吹過亞得里亞海而來。

進入巴西里卡達後，便可立即發現路上的積雪變得相當明顯。

我們的目的地是位於亞平寧山脈南部內的武圖雷死火山（Monte Vulture）。這裡吸引了不少熱衷於火山土壤和古老熔岩的葡萄酒業者，熔岩如扇形般向南延伸至陡峭的斜坡。

我正前往 Elena Fucci 的小酒莊，她與該產區其他傑出人物（如 Vito Paternoster）一起在海拔 600 公尺的小村莊 Barile 周圍居住、耕種和工作。

如果各位尚未體驗過艾格尼科品種，那你走運了……，希望喝完之後也會這麼覺得。

那麼，為什麼艾格尼科值得受到如此重視？

就像是內比歐露與山吉歐維榭等義大利偉大的黑葡萄品種，艾格尼科也可能會被誤釀成難以理解、賞識，甚至缺乏任何明顯優點的酒款。

淺談艾格尼科

因為和所有貴族品種一樣，它同時具備蠻橫的脾氣與高雅的個性。

釀得夠好時，它應該兼具香氣和緊緻口感，純淨且引人深思。畢竟，這些都是定義貴族品種的特色。

其實，我想我們可能都尚未見識到此品種最優異的表現。

增加桶陳時間其實是有效的，但前提是釀酒業者擁有足夠的技巧，以確保果味不會被捲入木桶的煙塵、巧克力和香草氣味而無法逃脫。

太多釀酒業者試圖以木頭馴服艾格尼科強烈的單寧，希望能以延長桶陳時間的方式軟化該品種，使其單寧較為圓潤。艾格尼科的單寧之強，足以使飲者不舒服到嘴唇緊皺，眼睛久久地瞇成一條縫。

這杯酒的釀酒人不會犯下這種錯誤。

Sniff 的品飲筆記

酒液呈深紅寶石色澤，看似泛著光澤且會反光，相當吸引人。酒款非常芬芳，使人聯想起義大利天主教堂中燃燒的焚香，果香介於夏季布丁的甜莓果和櫻桃果醬餡餅的扁桃仁風味之間（不好意思，畢竟我是英國人，想的都是英國甜點）。這款酒酸度充沛，提供了足夠的能量和優雅個性，使酒液不乏刺激感且有令人振奮的餘韻。單寧緊實，甚至帶了點嚼勁，但表現成熟且沒有草本或苦味。如此宏大的結構儘管現在嘗來已經美味，但相信未來十五年將會繼續發展，展現明顯的誘人魅力。

在義大利與多位酒農和釀酒師交談後，應該會經常聽到他們討論著同一品種之下，又分為擁有不同優點的眾多生物小種（biotype）。

解析

品飲筆記

其實在第 19 杯已經遇見，也就是 BioVio 酒莊帶有誘人鹹香百里香風味的白酒。

艾格尼科有三個生物小種（另外兩個位於坎帕尼亞邊境），據稱已適應當地生長環境，其中位於 Vulture 產區的生物小種公認是香氣最甚者。難怪這杯酒擁有如此鮮明的香氣。

雖然這很可能是影響香氣最主要的因素，但由於 Elena 的葡萄園坐落於海拔 600 公尺以上的地區，氣候明顯屬於大陸性氣候，而非地中海型。

好，這表示位處此海拔的葡萄園不會受到海洋直接影響，因此生長季涼爽的夜晚有助於保護上述香氣和緊緻的酸度，使此地葡萄酒能如此獨特，就如同 Vulture DOC 其他最優秀的地塊。

那又如何？

600公尺

單寧是釀造艾格尼科最難處理的部分，如果葡萄來自極為不理想的產地，艾格尼科酒款往往會有笨拙且未成熟的單寧表現。

Vulture 產區的葡萄園坐向通常是面南，尤其是 Elena 這塊位於高地的葡萄園。

倘若沒有朝南坐向所能獲得的日照量，非常晚熟的艾格尼科可能永遠也無法展現真正的潛力，即使是在非常樂觀的飲者的酒窖中陳放十或二十年，嘗來恐怕依舊難以駕馭而粗野。

即使是在如此南端的北緯 40 度，依舊要等到十月最後一週，甚至是十一月第一週才進行採收。這就是其單寧如此柔順、獨具風格的主要原因。

當然，還有其他原因使這款酒如此出色。首先，它來自理想葡萄園，以優質品種釀成，而且樹齡夠成熟（五十至七十歲），因此不再有過於旺盛的生長力，並專注於結出量少的小顆艾格尼科葡萄。不過，我們也別忘了釀酒師 Elena 的技巧。

採收並去梗後，Elena 會將整批葡萄連顆放入發酵槽，再接種酵母，經過幾天的溫和升溫後，達到 18°C 便開始發酵。

Elena 非常努力確保發酵溫度偏低（通常是 20 ～ 22°C），以避免「煮沸」了讓酒展現香氣的揮發性元素，同時減緩萃取單寧的速度，以免單寧過量。

發酵完成後，Elena 會迅速分離葡萄皮和酒液（再一次減少單寧的釋出），因為剛發酵完的酒液仍然溫暖且富含酒精，會如溶劑一般溶解出更多單寧。

新釀成的「Titolo」酒款會在法國橡木桶培養大約一年，其中 50% 為新桶，其餘為一年桶。

新桶　　　一年桶

培養一年

Elena 如同所有優秀釀酒師總是不斷嘗試，希望釀出的酒款既能反映產地和品種，又能在上市時適飲，同時還具備優良陳年潛力，意即讓酒款擁有遠遠超出易飲之外的可能性。

Elena 欣然承認，她的理想是等到酒款五歲時再推出市場，如此可以確保開瓶時，酒款能好好表達真實的個性⋯⋯，不過，財務考量與商業現實圍限了理想。

那麼，「Titolo」如何做到在年輕釋出，並適合早期享用呢？

讓酒液木桶成熟的目的是使其經歷緩慢的氧化，以改善單寧的質地，同時避免過度萃取出橡木味與香氣。

Elena 設計出使用比一般木桶更厚的木條製成的 200 公升小木桶，她發現如此的桶陳能達到她想要的完美效果。

200公升　　一般木條　　較厚的木條

最後，我們當然不能忘了古老葡萄樹扎根的火山土壤。

許多討論都是關於此處以地熱孕育的土壤能賦予葡萄酒何種特性（其中不乏過度浪漫的想法）。

「煙燻」就是可能的形容詞之一（某種程度如同我的焚香描述），但這種特性也可能來自酒液於橡木桶熟成。

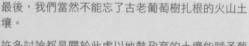

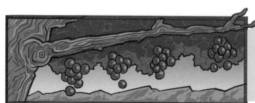

不論土壤扮演的角色為何（我們將在〈技術篇〉進一步討論），它依舊僅是葡萄樹與果實所接觸的眾多層面的一小部分。

坎帕尼亞

早在 2000 年代初期，我第一次開始認真對待葡萄酒時，坎帕尼亞便是真正引起我興趣的產區之一。

這裡有些浪漫，也有些執著、頑強，我向來喜愛漂亮、迷人又帶了點骯髒破舊感的東西，這一直就是坎帕尼亞給我的感覺。

曾去過坎帕尼亞大城拿坡里的旅客，常常分成壁壘分明的兩群，不是喜愛它，就是恨透了它。

拿坡里的極端來自此城的急躁個性。

這是有點髒、時而發出刺耳噪音、時而令人生畏的大城。

不過，就算你愛的是高爾夫球褲，而非護膝墊，我依舊深信拿坡里能讓各位享受各種體驗。而想要深入當地美食與文化最好的方式，便是盡可能刪去繁複的行程，單純享受在街上漫步的愜意。

如果相較於騎著越野自行車在粗糙的泥濘小道競速，你寧願在高爾夫球場漫步，那麼，拿坡里可能不太適合你。這兒是一座尋求刺激的城市。

我個人肯定會選擇凸塊高花紋胎（越野自行車輪胎

的一種），而非九號鐵桿（高爾夫球竿）……

此外，若想深入探索坎帕尼亞的非凡之處，拿坡里就是最佳起點。

夏天的卡普里島（Capri）往往塞滿了遊客，因此，只有在淡季才能欣賞得到卡普里非比尋常的美景。

不過，切記此地風景影響力強大，秋天午後在逐漸褪去的陽光中搭上回本島的船時，心裡會免不了生起一股感傷的情緒。

仍然活躍的維蘇威火山在天際線的彼端盤踞，充滿拿坡里灣的景色。光是眾多仁慈的火山群，就值得花上半天的時間探索。

如果各位想知道火山能多麼仁慈，不妨到龐貝古城（Pompeii）遺址一探究竟。那兒提醒著我們，維蘇威火山如今雖處休眠期，卻曾徹底消滅膽敢定居於其火成碎屑怒火可觸及之地的生命。

不過，這並非坎帕尼亞成為第一個真正吸引我的義大利產區之原因。

終究，還是葡萄酒的多元和品質有關。

當我尋找最好產區的最優秀酒款時，發現這裡藏有許多品質最優異也最有趣的原生品種酒款，這也正是我當初進口義大利葡萄酒至英國時，將坎帕尼亞列為首選的原因。

我們在 Elena Fucci 的酒款談論過艾格尼科，但當地也有以菲亞諾、格雷克（Greco）、Biancolella 和法蘭吉娜（Falanghina）等品種釀成的好酒，另外還有接下來要討論的皮耶蒂羅索（Piedirosso）。

Mustilli, Artus 2016, Piedirosso Sannio Sant'Agata dei Goti DOC, €€

Mustilli 是坎帕尼亞最出名的酒莊。

參觀 Mustilli 酒莊歷史悠久的酒窖，是一場美食與熱情款待的饗宴。酒莊位於迷人小鎮 Sant'Agata dei Goti 的心臟地帶，而小鎮本身則坐落於火山凝灰岩山脊處。

酒莊目前由 Paola Chiara 和 Anna Chiara 姐妹掌管，他們延續了父母 Leonardo Mustilli 和 Marili Mustilli 傑出的成果，並繼續發展。

有人認為此酒莊最具影響力也最重要的酒款，依舊是法蘭吉娜，也堪稱是判斷其他法蘭吉娜酒款的標準。不過，我一直對他們的皮耶蒂羅索情有獨鍾。皮耶蒂羅索是個性奔放洋溢的品種，酒莊每一年都能成功發揮其傑出的天賦。

Sniff 的品飲筆記

紅寶石的酒色彷彿完全成熟的草莓，澄澈而不深濃。香氣和外觀一致，細緻且清晰，非常迷人。這款酒的草本調性讓我想到杜松子佐以酸櫻桃、草莓和芬芳香水月季。入口後，酸度爽脆、鮮明且生涎，既能清潔味蕾又振奮人心。這款酒的單寧相對較輕，但有一股果髓般的質地，質感滿點，適合與夏季純淨的餐點搭配。其讓人想帶往戶外享用的特質，更因為高雅的個性與不具灼熱酒精的口感，而尤其突顯。酒款風格溫柔、可愛，適合低溫享用（10～12°C），適合以優質薄酒來（Beaujolais）、南非仙梭（Cinsault）或伯恩丘（Cotes de Beaune）村莊級黑皮諾紅酒一般對待。

解析

品飲筆記

雖然皮耶蒂羅索並非擁有大量花青素的品種，卻依舊能展現深度和光澤亮麗的酒色，證明了釀酒業者致力強化它的紅寶石色澤。

負責釀酒的是 Mustilli 家族的 Anna Chiara。她以球型雙耳陶罐（沒錯，聽起來矛盾極了）釀造「Artus」酒款。

球型發酵槽可提高葡萄漿與葡萄皮的接觸比例，有助萃取酒色。

我們在第 29 杯曾討論過，艾格尼科的單寧框架非常緊緻濃郁，須陳放多年才能透過氧氣的作用而變化，使偉大巴西里卡達的 Vulture 產區與坎帕尼亞的 Taurasi 產區酒款更平易近人。

皮耶蒂羅索一直以來始終扮演著如此的角色，成功縮短等待艾格尼科酒款轉化為容易享受的時間。這杯酒的柔和天性便展露無遺。

此品種也有偏向紅色水果香氣的特性，這杯酒也非常明顯，這是夏季果實的香氣，而不像晚熟艾格尼科常見的秋季深色果味。

皮耶蒂羅索並非天生就能產出大量糖分的品種。

即使遇上溫暖的年份，Mustilli 家族採收到的葡萄，也鮮少有糖分能釀出酒精濃度超過12%的酒款。

10%　　11%　　12%　　糖分殘留

由於 2016 年坎帕尼亞的天候涼爽，這杯酒的酒精濃度僅 11.5%。

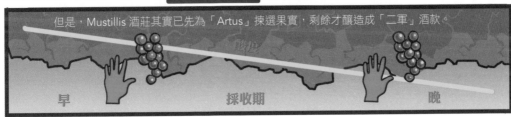

但是，Mustillis 酒莊其實已先為「Artus」揀選果實，剩餘才釀造成「二軍」酒款。

早　　　　採收期　　　　晚

目的就是為了以最健康的果實釀造「Artus」酒款。因此能從酒液喝出澄澈的果香，以及能帶來清新口感的高酸度。

此酒款沒有明顯氧化或受木桶影響的特性，其天生優雅的風格因陶罐而得以維持。

雖然陶器也有孔隙，卻遠低於任何木製槽或橡木桶，因此能成功避免暴露於氧氣之下（可能導致第一層新鮮水果的風味減少）。

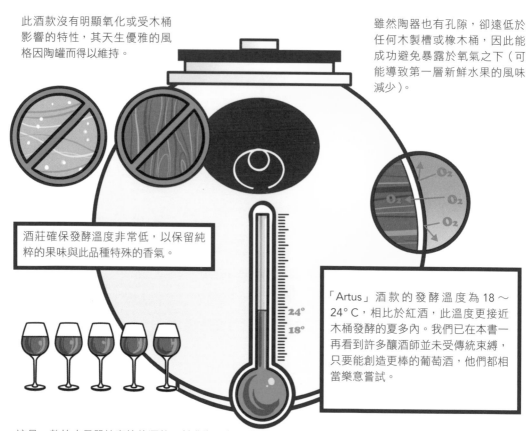

酒莊確保發酵溫度非常低，以保留純粹的果味與此品種特殊的香氣。

「Artus」酒款的發酵溫度為 18～24°C，相比於紅酒，此溫度更接近木桶發酵的夏多內。我們已在本書一再看到許多釀酒師並未受傳統束縛，只要能創造更棒的葡萄酒，他們都相當樂意嘗試。

這是一款怡人又單純直接的酒款，並非為了彰顯釀酒師自傲而存在，將這樣的酒款納入本書中相當重要，因為這反映了釀酒人思維的轉變；唯有曾被排除在外或沒有機會充分參與其中之人，才可能造就不同的思維與價值觀。

我說的當然是女性在釀酒業所扮演的角色，包括了 Mustilli 家族的 Paola Chiara 和 Anna Chiara、與酒莊同名的 Elena Fucchi，以及本書許多人物，已經並持續改變著葡萄酒生產、行銷，以及被理解的方式。

酒莊內越來越多多元和具有專業知識的人，應能確保當地生產的葡萄酒無論是整體品質或種類都只會不斷升高。

這是我們所有人都能一同舉杯歡慶的事。

Cantine I Favati, Pietramara 2017, Fiano di Avellino DOCG, €€

Mustilli 酒莊

Marigliano 鎮

Cesinali 鎮

從 Mustilli 酒莊向東南方驅車一小時，會來到農業小鎮 Cesinali。我提早到達了 Rossanna Petrozziello、丈夫 Giancarlo 和女兒 Carla 的家。幸運的是，她慷慨地邀請我與她們一家人共進午餐。

I Favati 是一間小型酒莊。午餐後，只須走出後門，再爬上一段階梯，便會被各種小型不銹鋼槽、橡木桶和許多等待貼上酒標的瓶裝酒所圍繞。

這裡釀有紅、白兩色的葡萄酒，但真正引人注意的是白酒，即以坎帕尼亞最偉大的白酒品種菲亞諾所釀成。

義大利當然不乏芳香葡萄品種，但非凡與平庸的真正差別並不在於香氣，而是口感、質地與持久度。

菲亞諾當然屬於前者（尤其是 Avellino 產區最佳釀酒業者端出的）。

205

Sniff 的品飲筆記

檸檬、百里香和茴香香氣，另伴隨淡淡白花香氛。這款酒給人最初的印象是細緻精巧，而非燦爛的煙花。然而，一旦入口，便開始揭露深度與廣度。爽脆、身型婀娜有緻，恰如其分，最後再於口頰內側留下礦物般的滋味，令人想起瑪格麗塔調酒杯邊緣被酒液浸漬的鹽。這款酒的香氣有非常明顯的檸檬調性，在口中則是以更濃郁的形式出現，更多檸檬油和果皮，而非如聞到的檸檬果汁或果醬香氣。入喉後，風味持續在口中繚繞，為下一口提供持續的清新感，讓口腔既清爽又渴求食物的滋潤。

解析
品飲筆記

菲亞諾相對內斂的個性和義大利許多偉大的白酒品種如出一轍。

本書第 33 杯 Benanti 酒莊的卡里坎特（Carricante）、第 2 杯 Montenidoli 酒莊的維納恰，以及第 26 杯 Valle Reale 酒莊的 Trebbiano d'Abruzzese，則是另外三個同樣風格微妙卻令人甘拜下風的美釀，證實了一款酒無須放聲宣告才能看見其美好之處。

它們的共同點是完整結構的存在感，而非表演芳香雜技的能力。

如果這依舊無法說服各位，不妨想想法國的夏多內、匈牙利的弗明或 Santorini 的 Assyrtiko 品種白酒。

Avellino 產區菲亞諾最常見的特性是帶鹹味的勁道，能為酒款帶來可口的清爽感。

由於酒莊的 Pietramara 葡萄園位於海岸上方 400 公尺，屬於相對涼爽的氣候，因此有助於保持該品種的天然酸度。

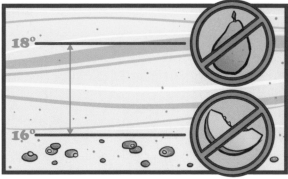

酒莊的中心思想也很簡單，即是允許葡萄表達純淨的個性。

為此，發酵溫度維持在 16 ～ 18° C，以避免對酵母造成壓力（較低溫度之下產生的香氣，會比本文描述的帶有更多梨和甜瓜調性）。

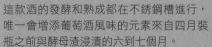

較高溫度進行發酵時，可能會失去這類「安靜」品種特有的香氣，因此必須避免。

這款酒的發酵和熟成都在不銹鋼槽進行，唯一會增添葡萄酒風味的元素來自四月裝瓶之前與酵母渣浸漬的六到七個月。

酵母渣也有助於增加更多質地，以及我稱為「廣度」的感覺，但各位可能也可視其為「腰身」或「脂肪」。

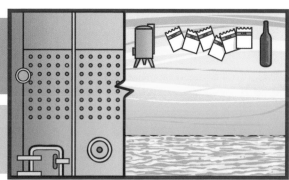

為何本書選擇這些酒款，而不是鄰居酒莊的酒款？這往往很難量化或提出確切的證據。

以這款酒來說，酒莊的葡萄園位置優越，狀似狹窄的圓形劇場，可以看到「盆狀葡萄園」側面暴露於不同程度的熱度、日照和風量，有助於葡萄「正確地」成熟並降低濕度，因而保護並促進果實的健康發展。

但是，這兒真的顯然遠比其他地區理想嗎？

這些葡萄樹平均樹齡約超過二十五年，不比 Cesinali 小鎮周圍山坡許多其他葡萄樹來得年長。

酒莊內的控制發酵溫度、使用不銹鋼槽，以及與酵母渣培養六個月等等，都是常見的技術，那麼，為什麼這杯酒的品質能如此優異，並足以代表坎帕尼亞最佳的菲亞諾？

我能確定的是，Rossanna 及其家人對於自家葡萄酒非常自豪。

以上問題的答案是：我不知道……

這表示現在葡萄園的選果策略與對細節的關注，以及願意四處旅行銷售少量葡萄酒。

如果天才是 99% 的揮汗，和 1% 的啟發，那麼答案也許深藏其中。

此酒莊的辛勞獲得了讚譽，其酒款成為義大利南部優質葡萄酒中，價格合理且極具吸引力的絕佳範例。

巴西里卡塔與坎帕尼亞推薦酒單

第 29 杯：艾格尼科

1. Paternoster, Don Anselmo, Aglianico del Vulture, €

2. Grifalco della Luciana, Damaschito, Aglianico del Vulture, €

3. Cantine del Notaio, Repertorio, Aglianico del Vulture, €

4. Mastroberadino, Radici, Taurasi, €

5. Terredora di Paolo, Fatica Contadina, Taurasi, €

6. Contrade di Taurasi, Coste, Taurasi, €

7. Fattoria La Rivolta, Aglianico del Taburno, €

第 30 杯：皮耶蒂羅索

1. Ocone, Plutone, Taburno Sannio, €

2. Agnanum, Campi Flegrei, €

3. Cantine Astroni, Colle Rotondella, Campi Flegrei, € €

4. La Sibilla, Campi Flegrei, € €

第 31 杯：Fiano di Avellino

1. Colli di Lapio, € €

2. Rocca del Principe, € €

3. Mastroberadino, Stilèma, € € €

4. Ciro Picariello, € €

5. Tenuta Sarno 1860, € € €

6. Villa Diamante, Vigna della Congregazione, € € € €

西西里 Sicilia

GLASS 32 Arianna Occhipinti, 'Siccagno' 2015, Terre Siciliana IGT, €€€

如果我們知道二十世紀的西西里葡萄酒和南義其他地區相同,大多著重於產量而非品質,當然,我們也可以理解這種想法在二十一世紀,已備受挑戰並重新評估。

為此,我們要感謝許多釀酒業者,包括 Planeta、Donnafugata 和 Tasca d'Almerita 等大型公司,但是,這種志向和抱負的轉變不僅僅是以上釀酒業者的工作。

在西西里日漸雄心壯大的葡萄酒業中,也有其他較晚近的參與者,而我選擇以新一代的 Arianna Occhipinti 酒莊 作 為 代表。

她行事一絲不苟、意志堅定且才華洋溢,最重要的是,她非常相信自己的土地和居住於此的葡萄樹。她代表的是西西里葡萄酒的美好未來。

Sniff 的品飲筆記

初聞的第一印象是興奮，源自於該品種天生奔放的熱情個性，以及最佳狀態所展現的異國情調。酒款具有肉荳蔻和佛手柑的辛香料與甜味，另有土壤調性，且帶有黑色果味與些許黑巧克力香氣。這款黑達沃拉酸度活躍與質地並存，口感綿密又帶了一點砂礫或顆粒的觸感。餘韻綿長，伴隨帶鹹的優雅氣息，所有好酒都應該有如此表現。建議各位再倒一杯。

解析

品飲筆記

如同第 6 杯，當我們討論 Marco Caprai 莊主對於蒙泰法爾科產區對於薩甘丁諾品種的影響時，我們也不該輕忽 Arianna 如何從西西里最具代表性的品種萃取出精華的成果。

當地風土可能是造就這款酒品質最重要的原因。不過，Arianna 從十六歲便開始磨練種植和釀造黑達沃拉的技巧；她的叔叔 Giusto 享負盛名的酒莊就位於向北距離 10 公里處。

她學會避免以小橡木桶培養黑達沃拉，而偏好大酒桶細微氧化的魅力。

因此避免了某些新橡木帶來的「甜感」；雖然這種甜感可以使本來已經魅力十足的黑達沃拉更顯豔麗，但與這款迷人美酒展現的風格卻大相逕庭。

與 Arianna 交談後會發現她對自己扮演的角色輕描淡寫，她更喜愛談論土壤的重要性。

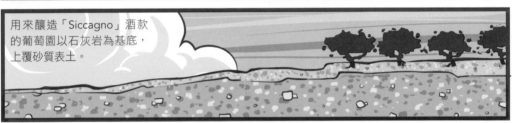

用來釀造「Siccagno」酒款的葡萄園以石灰岩為基底，上覆砂質表土。

我們知道砂質往往會為酒款帶來芬芳和優雅的個性，這也正是這杯酒所展現的明顯風格。

至於石灰岩的影響力則較難直接定義，但 Arianna 認為它能為葡萄酒提供更明確的結構，也能確保酒體不過於肥胖，兼具流暢的線條和細緻度。

至於這款酒如砂或顆粒般的單寧口感，則多與品種有關。

酒款感覺是

開放
寬廣
較不緊密 或 緊密

不同於第 34、21 和 29 杯的 Nerello Mascalese、內比歐露和艾格尼科。

但此特性讓這款酒更早適飲而親人。

在耐性無限缺貨的世界裡，這無非是這款酒的另一個賣點。

但是，這款酒剛好相反。其濃郁黑色果味核心佐以鹹味（不管是來自南部的海洋或石灰岩……，誰知道），那股鹹味讓酒款更加可口，且成功將這款酒提升至該品種罕見的高度。

Benanti 'Pietramarina' 2013, Etna Bianco Superiore DOC, €€€€

如果各位時間有限必須趕緊到下一個目的地埃特納火山（Etna），其實也無須依靠導航的幫助。

只須將車頭對準冒著大量煙霧的山就行了。

但是，如果各位的行程比較彈性，建議向東走，先跳進海裡暢游一番，再前往時髦又緊湊的奧提加島（Ortigia）享用午餐。

雖然奧提加是島嶼，但無須租船就能抵達，因為這兒是古城夕拉庫沙（Syracuse）的延伸，只要開車過橋，就能從西西里「大陸」抵達。

享用一頓令人精神煥發的西西里式午餐後，可以再往北到埃特納火山南坡，拜訪當地最具代表性的 Benanti 酒莊。

Benanti 酒莊可以說是重新建立並推廣埃特納火山觀念（甚至是西西里的一切）的推手，並端出了真正世界一流的高品質美釀。

Benanti 是土生土長的埃特納人，早在三十年前便踏上了釀酒之旅，希望釀出最令人難忘的葡萄酒。

他很快便發現生長於米洛（Milo）村東邊高地的原生品種卡里坎特具備釀造傑出美酒的潛力……，如果擁有足夠的耐心，終究能讓葡萄酒展現出蘊藏其中的驚豔特質。

它就是「Pietramarina」酒款：埃特納最偉大的白酒，也是義大利最引人注目的葡萄酒之一。

Sniff 的品飲筆記

與許多白酒相同，這款酒的檸檬色澤頗為一般，但隨之而來的體驗完全不是這麼一回事。這款酒所有香氣都與蜜蜂有關，包括蜂蜜、蜂王漿以及蜜蜂活動的草原花卉等。搭配著蜜蜂頌歌般的香氣，則是濃縮柑橘油（檸檬和柳橙皆有），以及帶點「溫暖」感的楹梓香。最後，還有一股草本、辛香料與八角香氣，增添深度。口中的高酸度和鹹味咬勁令人口水直流，提供最珍貴的清爽感。這款酒有種滿覆口腔的質地，以及平衡的綿長餘韻。第一次嗅聞時發現的柑橘香氣再次於口中出現，像是帶點苦澀的葡萄柚果髓。真是一款美酒呀！

即使是在西西里，卡里坎特也鮮少出現在火山坡地以外的地區，因此我們很難區分此品種典型的香氣與風味如何，以及在原生地深色砂質土壤以外的表現。

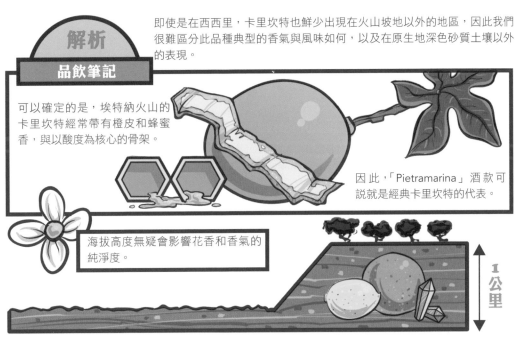

可以確定的是，埃特納火山的卡里坎特經常帶有橙皮和蜂蜜香，與以酸度為核心的骨架。

因此，「Pietramarina」酒款可說就是經典卡里坎特的代表。

海拔高度無疑會影響花香和香氣的純淨度。

1公里

米洛村的葡萄園位於波光淋漓的 Messina 海峽上方僅 1 公里處，葡萄因此夠涼爽，保留了如水晶般清澈的酸度，與品種及產區特有的甜美柑橘香氣。

另外，其鹹味代表海洋就在不遠處；也許此想法過於浪漫，但當站在米洛村高處往東看時，確實可以看到浪花打在腳下。

至於檸檬的風味則使我想起了法國某些北隆河谷的酒款，其某些表現如同隆河的胡珊（Roussanne）白酒；但前者輪廓較深，表現也更剛硬。

217

以質地來說，它展現了微妙的綿密感，可緩和以下兩者：

首先，其可柔化所有棱角分明的酸味；其次，即使酒液入喉許久，風味的記憶依舊緊緊貼覆口中不散。

Bantianti 很早便發現，必須將卡里坎特成熟一段時間，才能讓它在品酒會表現出色。

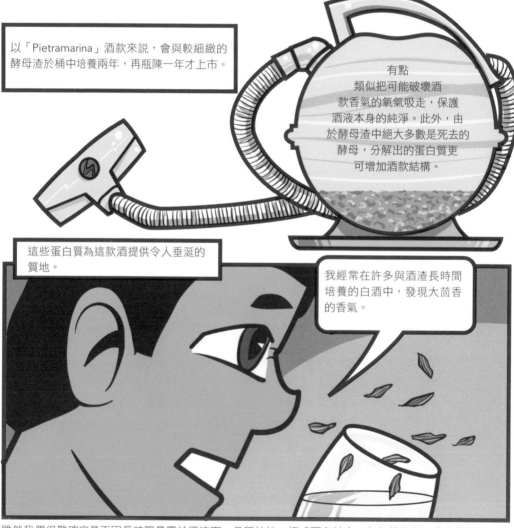

以「Pietramarina」酒款來說，會與較細緻的酵母渣於桶中培養兩年，再瓶陳一年才上市。

有點類似把可能破壞酒款香氣的氧氣吸走，保護酒液本身的純淨。此外，由於酵母渣中絕大多數是死去的酵母，分解出的蛋白質更可增加酒款結構。

這些蛋白質為這款酒提供令人垂涎的質地。

我經常在許多與酒渣長時間培養的白酒中，發現大茴香的香氣。

雖然我們很難確定是否因長時間暴露於酒渣下、品種特性，抑或兩者結合，但無論如何，我們都能明顯地發現其香氣的複雜度。

此酒款由生長於 Caselle 葡萄園，以樹齡高達八十歲以上的果實釀成，相當於埃特納卡里坎特的「特級園」（Grand Cru）。

其餘韻的濃郁與綿長感，部分源於老藤天生產量較低。

產量

年紀

最後，我們切莫忘記這座山本身的影響，
埃特納火山不僅只是一個地勢較高的葡萄產區。

由於埃特納火山的土壤主要以火山砂質和砂礫為主，地質貧瘠，因此降低葡萄樹的繁盛程度，鼓勵葡萄樹集中精力生產果實，而非單純地長得更大更茂盛（這類植物的天性和目的）。

因此有助於酒農和釀酒師尋找具有獨特個性和濃郁度的葡萄。

此座火山還有其他特別之處。當各位沿著巨大山形行駛時便會感受得到。

起初，它令人生畏。面前是火山熔岩穿越並劃開地面，展現支配土地的力量，還有位於熔岩流頂部、面向火山的白色聖母雕像們，她們伸出雙臂，懇請埃特納火山手下留情。

你可以感受到它的存在，以及空氣流動著一股可觸的能量。當然，也可以在葡萄酒中發現此特質；葡萄酒是傳遞埃特納火山最理想的方式，而這款酒確實做到了這點。這款美釀不僅可口無比，更是代表地中海迷人美景和敬畏的自然風光之最完美詮釋。

Frank Cornelissen, Munjebel Rosso, Cuvée 'VA' Vigne Alte, 2013, Terre Siciliane Rosso IGT €€€€€

十八年前（我在 2018 年六月時寫下這篇文章），很少有人熟悉 Nerello Mascalese 品種。

就像是許多義大利品種，此品種之所以乏人問津和本身的品質一點關係也沒有，反倒是與素來受限的地理種植範圍有極大的關係。

此品種幾乎只種植於埃特納火山坡地，和西西里東部部分其他小區。即使到了千禧年，致力於生產此高貴品種的業者，依舊一隻手就數得完。

接下來，我們將從埃特納火山南坡轉移陣地至北邊坡地，從具代表性的 Benanti 酒莊，到顛覆性代表人物比利時 Frank Cornelissen 的酒莊。

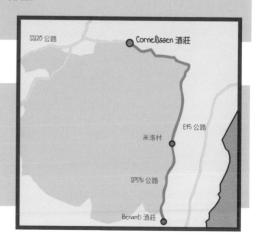

Frank 喜歡將所有酒莊參訪安排在下午，因此，如果在下午三點之前結束 Benanti 的行程，就可以用一小時的時間從山上的 SP59ii 公路東側穿過米洛村，到達 Passopisciaro 酒莊與 Cornelissen 酒莊。

Sniff 的品飲筆記

這款酒的迷人香氣純粹無比，包括了石榴、覆盆莓、櫻桃籽，以及一股帶有礦物質的煙燻氣味（聞到火山的味道了嗎？）清澈的香氣不僅充滿鼻息，更在口中迴盪許久，展現出直接了當的清晰度和集中風味，與緊實而帶有果髓質地的單寧緊密結合時，帶來的是令人難忘的精確度。這種精準的風味又深深地體現在滿覆口腔的滋味中，這可不是因為貪婪而不斷啜飲而來（如果是，當然也是可以理解），而是因為這款酒本身宏大的架構。這款酒體飽滿的美釀因令人生涎的酸度與鹹味而讓人感到恰如其分，最令人印象深刻之處是其綿長的風味，而非肥美的程度。雖然目前還無法形容這款酒將多麼複雜，現在就為這年輕而精力充沛的酒款下定論，就像是在批評小男生莽撞；和絕大多數的兒童一樣，這款酒在完全展現潛力之前，尚有好長一段路。

整體印象多以紅果香氣為主。

解析

品飲筆記

加上緊實且帶有果髓質地的單寧，經典地呈現埃特納火山最偉大的品種（其實我想說甚至是西西里最偉大的品種）。

飽滿的酒體再次展現此品種的特性，其富含糖分的果實經發酵後轉化為酒精。

221

這款酒其實在許多層面都與第 21 杯的內比歐露雷同，只是 Nerello Mascalese 的香氣和單寧密度略低於皮蒙最受推崇的品種。

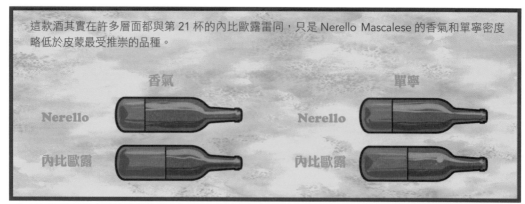

它也完全具有黑皮諾的魅力和誘人，難怪 Frank 會將這款特殊的「Vigne Alte」酒款形容為自己所釀最具「布根地」風格的酒款；其優雅的風格與姿態，以至於新鮮的滋味，都會令人想到伯恩丘的最佳黑皮諾，但為什麼呢？

除了品種本身，海拔也扮演著舉足輕重的角色：這款酒的果實來自三個葡萄園，三處皆位於 870 ～ 1000 公尺。

較高地勢有助保留果實的天然酸度，以及酒款的純淨果味，但是，保持酒款特性的關鍵，當然也包括 Frank 的釀造手法。

Frank 肯定不會高興聽到自己被稱為「自然酒」釀酒師（參見〈技術專欄〉），因為這暗示了（至少對某些人來說）他是此運動的一份子，

其實，他依循的是自己的觀念與思想，如同他在自家網站表示：

「酒莊的農耕哲學基於接受一個事實，即人類永遠無法完全理解自然的複雜、奧秘與互動……為此，我們盡可能避免對土地進行任何人工干預，包括施予任何化學、有機，甚至是生物動力（biodynamic），這些反映的全是人類無法接受當下和以後的自然狀況而已。」

此理論並非毫無缺陷，最明顯的是「自然」永遠不會像農人有序地種植葡萄或釀酒裝瓶，並以此維生。

自從大約一萬兩千年前，人類開始從狩獵和採集維生，轉移到農耕以來，我們便一直在「干擾」自然，試圖以自認對自己最有利的方式管理大自然。

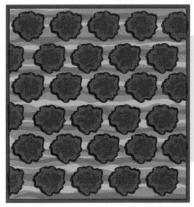

單一作物栽培（Monoculture）是最常見的結果，但導致農作物對農民的依賴性逐漸增加，因為植物還沒有演化成無須其他動植物便可自行存活。

因此，自古以來，農人向來習慣系統性地使用各種除草劑、殺蟲劑或殺菌劑等，來「保護」這些作物避免受到攻擊。

就像是人類為了抵抗自身和動物疾病而過度使用抗生素，並過度推崇潔淨，導致細菌產生抗藥性（最終反而使長期健康處於更危險的境地）。另外，大幅降低接觸細菌和病原體的機會，反而使我們開始對絕大多數良性入侵者產生過敏，如塵蟎、狗唾液或跳蚤叮咬等。

Frank 發現了這種「工業化」農業引起的問題，因此拒絕成為其中一員。

他於自家葡萄園種植其他作物，促進園內自然平衡，讓大自然掠食者自然存在，並改善土質健康，幫助葡萄樹長得更健壯且產生抵抗疾病的能力。

但是，葡萄樹無法因此免疫，他在過去幾年帶著沉重的心情，不得不採用一些有機溶液，如銅和／或硫，以抵抗露菌病（downy mildew）或白粉病（powdery mildew）。

? 不過，這與純淨風味有什麼關係呢？ **?**

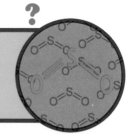

當釀酒人決定如同 Frank 不在釀酒過程施加化學或酶添加物（最重要也最常用的即是二氧化硫），就越來越難防止葡萄酒遭氧化或產生微生物變質。因為二氧化硫既是抗氧化劑，也是防腐劑（所以食品工業會如此大量以二氧化硫作為防腐劑）。

若選擇不用二氧化硫，酒莊從內至外的清潔工作變得額外重要，同時還要限制酒液暴露在氧氣以遭破壞的程度。

因此，由於橡木桶或其他木桶具有透氧性，Frank 一律不採用，他傾向在裝瓶之前以孔隙較小、也較少的惰性容器培養葡萄酒。

雖然任何酒莊都不可能做到完全無菌，但這樣的過程有助於保存並凸顯葡萄酒的水果純度。然而，我們不應該將氧氣視為純粹的敵人；它也是朋友，可以幫助葡萄酒在熟成階段提高複雜度。繼續追蹤 Frank 這款酒未來幾年的發展，可以讓我們確切地了解氧的影響可以多麼地「友好」。

GLASS 35

Marco de Bartoli, Riserva 10 years, Semi-Secco, Marsala Superiore Oro DOC, €€€€（50cl）

即使是最專心一致的駕駛，也得花上四小時，才能從埃特納山丘，抵達到西海岸 Marco de Bartoli 酒莊所屬的 Samperi。

各位可以多花一點時間向東走，選一條更安靜的路，在附近的托米納過夜，享受西西里島最迷人度假勝地的樂趣。

早起之人可以到 Bam Bar 享用早餐。這裡的義大利冰沙（granita，西西里的半冷凍甜點）裝於小巧可愛的杯子裡，和溫暖且帶有香草香氣的布里歐麵包一同端上，將麵包變成最可口的食用湯匙，舀起一口冰。

享受一天的第一頓飯後，不妨前往羅馬圓形劇場，欣賞轉瞬即逝的地中海美景，也可以從碎裂的外牆望向悶燒中的埃特納火山。即使是最疲憊的旅人，也會因此感到振奮。

特別是因為此時，只有你和其他少數早起鳥才能欣賞此美景。

從托米納出發，沿著海岸線及無數的隧道前行……

……就會直達首府巴勒摩（Palermo）。

儘管巴勒摩也是以不修邊幅出名，但依舊與拿坡里有所不同。

當地老城區充滿了友善和美麗，我誠摯鼓勵各位在這裡多待一天。

以巴勒摩為基地，驅車前往兩小時以外的 Marsala 產區。雖然路程稍遠，但葡萄酒愛好者絕對不能錯失義大利最偉大葡萄酒之一的故鄉。

Marsala 產區也許已經名聲掃地，許多人認為它充其量不過是便宜的烹調用酒，可為義大利知名甜點沙巴翁（Zabaglione）增添酒精深度，或為牛排醬汁增加甜味。但是，最佳 Marsala 產區酒款遠遠不只如此。

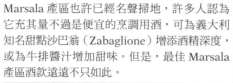

如果各位依舊不信服，那麼恐怕距離 Marco de Bartoli's Estate 最後幾公里的景象更不誘人。

這裡的道路維修不良，景色一片荒涼，風吹起的塵土在轉角處堆起，宛如沙丘一般。

但如果因為眼前景象而拒絕前去酒莊，那麼，重新發掘 Marsala 產區的使命感可能也會很快消失殆盡。

只需要一大杯第 35 杯酒款，就可以了解 Marsala 產區名譽受損為什麼算得上對葡萄酒犯下最嚴苛的罪行，必須矯正，為它正名。

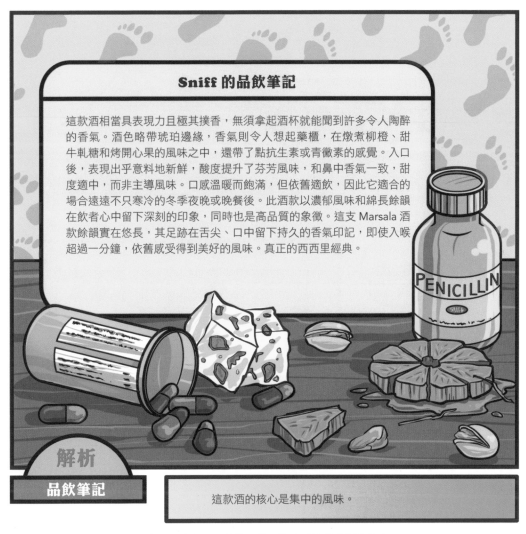

Sniff 的品飲筆記

這款酒相當具表現力且極其撲香，無須拿起酒杯就能聞到許多令人陶醉的香氣。酒色略帶琥珀邊緣，香氣則令人想起藥櫃，在燉煮柳橙、甜牛軋糖和烤開心果的風味之中，還帶了點抗生素或青黴素的感覺。入口後，表現出乎意料地新鮮，酸度提升了芬芳風味，和鼻中香氣一致，甜度適中，而非主導風味。口感溫暖而飽滿，但依舊適飲，因此它適合的場合遠遠不只寒冷的冬季夜晚或晚餐後。此酒款以濃郁風味和綿長餘韻在飲者心中留下深刻的印象，同時也是高品質的象徵。這支 Marsala 酒款餘韻實在悠長，其足跡在舌尖、口中留下持久的香氣印記，即使入喉超過一分鐘，依舊感受得到美好的風味。真正的西西里經典。

解析

品飲筆記

這款酒的核心是集中的風味。

其源自生產過程的兩個主要步驟：首先是原料的品質，其次則是長時間的熟成。

Marco de Bartoli 酒莊的最佳 Marsala 酒款，只以當地原生白酒品種格里洛（Grillo）釀造。

該產區最常用的另一個品種則是卡塔拉托（Catarratto）。

後者風味較為中性，到了採收季節，其果實累積的糖分往往遠低於格里洛（至於為何這部分值得一提，我們接下來會進一步討論）。

227

此酒莊使用的格里洛來自一塊能捕捉大量日照的老藤葡萄園。

之所以希望葡萄充滿了糖分，是因為此為加烈葡萄酒。

這款馬沙拉有約 18.5% 的酒精濃度。

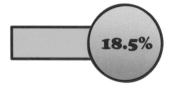

18.5%

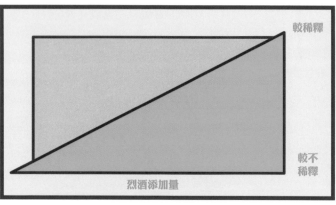

較稀釋

較不稀釋

烈酒添加量

理想狀況下，他們不希望在 Marsala 酒款添加太多烈酒，因為烈酒使用比例越高，原本的葡萄酒就會被稀釋，因為相對中性的烈酒加入葡萄酒後，不但會降低風味集中的程度，複雜度也會跟著減少。

Sept

30

採收時酒精濃度為 16%

加烈 2%

因此，九月下旬採收格里洛時，若是葡萄的潛在酒精濃度可接近 16%，隨後的加烈就只須使酒精含量提高約 2%，如此便能盡可能降低影響葡萄酒整體風格與口感的程度。

發酵後的酒液已耗盡所有糖分，然後再以烈酒加烈，使葡萄酒在大型木桶陳年，有些甚至超過一百年，隨著時間的推移，緩慢地蒸發，同時增添酒款的深度和美味程度。

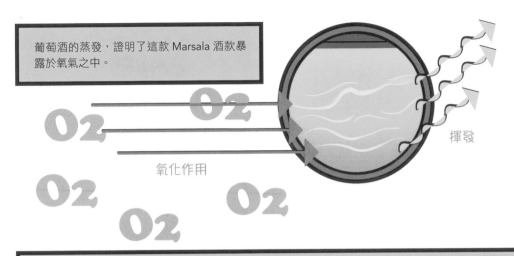

葡萄酒的蒸發，證明了這款 Marsala 酒款暴露於氧氣之中。

氧化作用

揮發

這也解釋了為何這杯酒會散發強烈的堅果和橙皮香氣。緩慢的氧化過程逐漸剝除葡萄酒的果味，取而代之的是更多層次且更持久的風味。

話雖如此，但 Marco de Bartoli 的「Superiore Riserva」卻散發著貨真價實的活力和新鮮感，這是怎麼辦到的？

因為格里洛能在如沙漠一樣的西西里夏天保持良好的酸度，因此有辦法讓飲者繼續流涎。

這款酒的新鮮感更進一步來自 Mistella，當地稱為「sifone」。Mistella 是以葡萄漿（和葡萄汁）混和葡萄烈酒而成（有助於存放），再將這種果汁和烈酒的混合物用於調和，以成為最終的葡萄酒。

葡萄漿

烈酒

綜合而成
Mistella

再加入葡萄酒

由於 Mistella 主要是以葡萄汁製成，因此其天然甜味能為這款酒增添明顯的果味；而且這款 Marsala 酒款不同於緩慢成熟了十年或更久的其他葡萄酒，尚沒有受到氧化影響。

添加後，Mistella 的作用與添加到第 16 杯和第 17 杯的添糖類似，會決定最終酒款的甜度（以這款酒而言，每公升約 55 克的殘糖），並為酒款增添一股「新」感受；像是以自己喜愛但破舊的老牛仔褲，配上古馳（Gucci）當季的手拿包。

干型 (Secco / Dry)	殘糖量低於 40 g/l
半干型 (Semi Secco / Semi-Dry)	殘糖量介於 40 ~ 100 g/l
甜型 (Dolce/Sweet)	糖量高於 100 g/l

* 酒款名稱中的「Oro」是指僅以白葡萄釀製，而且沒有添加煮過的葡萄漿（mosto cotto）。煮過的葡萄漿可用來增添酒色和甜度，但通常只用於品質較低劣的葡萄酒。品質較佳者往往是透過長時間陳年和 Mistella 增加酒色與風味的複雜度。

Donnafugata, Ben Ryé, 2014, Passito di Pantelleria, DOC €€€€

只要是會注意異國情調的人，想必會對南義的澤比波（Zibibbo）感到興奮；這個品種即是亞歷

山大蜜思嘉（Muscat of Alexandria）。以此芬芳而甜美的釀酒品種釀成的這杯酒，就是 Donnafugata 酒莊

品質傑出的「Ben Ryé」酒款。但是，如果各位想在當地品嘗這款美釀，並讓腳趾間沾上潘特勒里亞（Pantelleria）的火山沙，還須經過一番努力。

從巴勒摩到潘特勒里亞最容易的方式是坐飛機。

巴勒摩

潘特勒里亞

這趟 270 公里的路程僅需四十五分鐘，等待堅定旅者造訪的是一座地勢崎嶇、面積很小但相當美麗的島嶼，其中心為 Montagna Grande 山綠樹成蔭的坡地；前者是火山殘留物所形成，和火山島潘特勒里亞相同。

潘特勒里亞東部距離突尼斯海岸僅短短 60 公里，因此受撒哈拉沙漠吹來的 Sirocco 風影響甚鉅；這具有枯萎作用的劇烈熱風，將當地居民和動植物鍛鍊得相當堅強、有韌性。

那麼，葡萄是如何在這裡生存？

當地的降雨也非常珍稀，年降雨量僅略多於 30 公分（真的只是略多）。

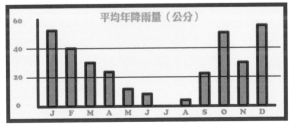

平均年降雨量（公分）

60
40
20
0

J F M A M J J A S O N D

這些葡萄如何產出義大利最獨特且令人印象深刻的葡萄酒之一？

好的，想深入了解，我們先為自己倒一杯吧

Sniff 的品飲筆記

就像是上一杯 Marco de Bartoli 酒莊香氣濃郁的酒款，「BenRyé」也散發著深濃的芬芳。最初可能會因為極濃郁的杏桃乾香氣而有點難以招架，或深感過於單一，但如果因此對它下了定論，將可能錯過其中難得的純粹香芬。這樣的評斷也過於懶惰，因為只消再多嗅聞幾次，就可以發現更多香氣，包括蜂蜜、橙花和烏龍茶香，為這款酒明顯的果乾風味增添額外的複雜性。然而，就像許多酒款一樣，入口後才真正彰顯其細膩的個性。這款酒非常濃甜，因含有大量糖分而顯得濃稠，但同時具有澄透特性，因為這款風乾甜酒（passito）帶有極高的酸度表現（即使是以澤比波而言），使它令人驚豔連連。

解析

品飲筆記

澤比波是葡萄酒界最著名的品種之一，其歷史可以追溯至數百年前，尤其是在其地中海南部家鄉。

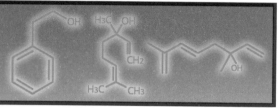

為什麼此品種如此受歡迎？蜜思嘉（Muscat）家族經常會出現芳香的萜烯化合物，以這些品種釀成的葡萄酒向來都能散發成功吸引許多飲者的花香。

但是，這杯酒的香氣卻主要以杏桃乾為主，為什麼？首先，我們必須探索釀酒過程。

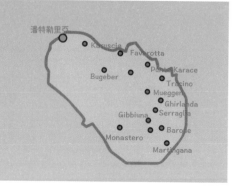

Donnafugata 酒莊在潘特勒里亞火山島共擁有十四個地區的葡萄園，每個地塊受到的日照、海拔高度與葡萄樹齡皆不同，果實成熟速度自然有所差異，並發展出截然不同的風格和香氣。

歷時約一個月的採收是刻意的策略，目的是讓葡萄達到一定的成熟度和酸度再行採收，如此才能釀出擁有多層次風味和清爽口感的酒款。

先採收下來的果實通會置於室外的架上風乾，透過陽光和風讓果實的水分收乾。

果實會在數週之間風乾成為不完全的葡萄乾，體積減少約四分之三，果汁（糖漿？）的糖分與酸度比例也大幅增加。

風乾後的葡萄接著會加進剛發酵完成的新鮮葡萄漿，新鮮葡萄漿的果實就是較晚採收的葡萄。

100公升

添加比例約為每 100 公升發酵葡萄漿，加入 75 公斤的風乾澤比波葡萄，因此酒液充滿濃郁風味、黏稠度、高酸度與明顯的果乾特性。

至於其純粹的風味則源自在不銹鋼槽熟成，目的是捕獲和保存此品種活潑的個性，而不是任其發展成帶有堅果與牛軋糖特性的氧化酒款（如第 35 杯）。

不過，還有一個問題：葡萄樹如何在如此嚴苛的環境生存，產出這樣極富表現力的果實？

首先，這是該品種特有的品質和個性。

我們剛剛提到，澤比波出生於地中海南部某區，代表它本身即非常適合高溫和乾旱的環境。

其次，葡萄樹能產出可供商業釀酒使用的果實數量，也代表它們受到精心照料與保護，不讓撒哈拉沙漠北吹的潛在破壞性熱風影響過劇。

當地傳統以靠近地面的小型灌木剪枝法。如此能防止葡萄樹被風吹倒，但潘特勒里亞的釀酒業者將此法深入發展。他們在地面打造了一個個獨立凹洞，稱為「conche」，每一株葡萄樹都深坐其中，如此不但降低葡萄樹暴露於熱風的機會，更有助於將當地珍貴的雨水集中於凹洞底部，有利根系吸收。*

在艱鉅的氣候條件之下，施行勞動密集的引枝法，代表此地不可能大量生產或以廉價的方式端出這些酒款，這杯帶有古金色的美釀，足以證明酒農的辛苦萬分值得。

我們談到了種植、葡萄園管理和釀酒傳統，不僅生產出令人難忘的澤比波，在 Donnafugata 酒莊的巧手之下，更幻化而成義大利最難忘的葡萄酒之一。

* 2014 年，聯合國教科文組織將潘特勒里亞的葡萄樹引枝法（Albarello Pantesco）加入了非物質文化遺產名錄。

西西里推薦酒單

第 32 杯：黑達沃拉為主的葡萄酒

1. Tasca d'Almerita, Rosso del Conte, Sicilia Contea di Sclafani, €€€€

2. Feudo Montoni, Vrucara, Sicilia, € € € €

3. Gulfi, Nerosanloré, Sicilia Rosso, € € €

4. Gulfi, Nerobuffaleffj, Sicilia Rosso, € € €

5. Feudo Maccari, Saia, Noto, € €

6. Cantine Settesoli, Cartagho Mandrarossa, Sicilia, € €

7. Cos, Nero di Lupo, Terre Siciliane IGP, € €

第 33 杯：卡里坎特為主的葡萄酒

1. I Vigneri, Vigna di Milo, Etna Bianco Superiore, € € € €

2. Cottanera, Etna Bianco, € €

3. Pietradolce, Archineri, Etna Bianco, € € €

4. Tenuta delle Terre Nere, Cuvée delle Vigne Niche Calderara Sottana, Etna Bianco, € € €

5. Barone di Villagrande, Contrada Villagrande, Etna Bianco Superiore, € € €

6. Gulfi, Caricantj, Sicilia, € €

第 34 杯：Nerello Mascalese 為主的葡萄酒

1. I Vigneri, Vinupetra, Etna Rosso, € € €

2. Franchetti, Passopisciaro, Contrada G, Terre Siciliane IGP, € € € € €

3. Benanti, Rovittello, Etna Rosso, € € € €

4. Graci, Arcurìa, Etna Rosso, € € € €

5. La Vigne di Eli, Pignatuni, Etna Rosso, € € €

6. Cusumano/Alta Mora, Feudo di Mezzo, Etna Rosso, € € € €

7. Famiglia Statella, Pettinociarelle, Etna Rosso, € € €

第 35 杯：Marsala

1. Cantine Florio, Targa 1840 Riserva semisecco, Marsala Superiore, €€

2. Alagna, Dolce Garibaldi, Marsala Superiore, € €

3. Curatolo Arini, Riserva N.V., Marsala Superiore, € €

第 36 杯：卡里坎特為主的葡萄酒

1. Ferrandes, € € € € 375ml

2. Solidea, € € € 500ml

3. Miceli, Nun, € € € 500ml

薩丁尼亞 Sardegna

待饗美酒
37. Argiolas, 'Turriga' 2014, Isola dei Nuraghi IGT, €€€€€

此次義大利半島之旅的最後一站，就是薩丁尼亞。

坐落於法國科西嘉島最南端的薩丁尼亞，是繼西西里之後，地中海最大的島嶼。

廣大的面積代表島上的地理條件相當多樣，當然也反映了薩丁尼亞數千年的文化。

以葡萄酒的角度來看，卡諾娜（Cannonau，即西班牙的格那希）是該島葡萄酒名聲的最大功臣。

卡諾那的故鄉到底是薩丁尼亞或西班牙，可能只有這兩個國家介意，對於消費者倒是沒什麼關係。

我們應該關心的是這個在全球生產的貴族品種，是否具有令人難忘且發人深省的能力。而這杯酒以非常具說服力的方式證明了。

GLASS 37

Argiolas, 'Turriga' 2014, Isola dei Nuraghi IGT, €€€€€

撰寫本書時，我曾反問自己，本書的選酒是否展現了應有的多元和原創。

其實，我只想寫一些鮮為人知且令人敬佩的小量葡萄酒，並加以推廣，但這對讀者有什麼幫助？

如果書中的每一款酒都只能在原產地找得到，那麼，生活在義大利以外的讀者可能完全用不上本書。

因此，將薩丁尼亞最有成就的酒莊之一 Argiolas 選作第 37 杯時，我似乎已經選定了最理所當然的酒款，而這也是事實。

選擇這款酒的好處是，無論身處世界何處，都不須耗費太大功夫，便可以找到酒莊的許多優質美釀。

「Turriga」紅酒可說是薩丁尼亞紅酒的標準。

其酒款無論在家鄉或整個葡萄酒世界中，都屢獲殊榮並備受讚賞。

此酒莊則實現了多數業者朝思暮想的美夢。

Sniff 的品飲筆記

這杯酒的香氣深沉而甜美，有罕見的複雜度，其中包括了杏桃乾與水果蛋糕，再佐以一層杏仁膏香氣。酒款另有甘草調性的辛香料和草本芬芳，包括了牛至和樟腦味，再漸漸轉為土壤、紅茶和菸葉香氣。單寧口感相當緊緻，成熟而稠密，恰到好處的酸度則成功地撐起令人滿意的酒體，與持續不間斷的香氣。餘韻略微溫潤，如同在秋初套上針織衫一般地溫暖，或是漫長的一天結束時，從伴侶臂彎間獲得的溫心感受。這無疑是一款嚴肅而美味的酒。

解析

品飲筆記

這款酒的芳香特性源自其主要品種：卡諾娜。

高產率的卡諾娜通常可以提供輕鬆的愉悅感，但多以帶果醬風味的紅果為主，顯少能展現吸引人的有趣架構，表現較為單一。

不過，這款酒則遠不只如此，其展現了更多層次的香氣和質感，告訴我們卡諾娜等芬芳品種（如黑皮諾和內比歐露），為何能如此迅速引起熱愛欣賞細微差異飲者的興趣，並讓他們脈搏加速。

這些層次代表著其果實來自高齡而產率偏低的葡萄樹。

雖然釀造「Turriga」酒款的葡萄樹並非坐落於當地地勢最高的地區（約 230 公尺），但它們暴露於吹過全島的風中，有助於縮減果實體積，使其乾燥，並因此增加果皮與果肉的比例和其中的風味。

這些位於薩丁尼亞南部的葡萄樹生長在 Selegas 村外圍，其果實濃郁的風味和單寧的深度，不是該品種常見的特色

此款酒其他的單寧表現，是從少量的卡利濃（Carignano，又名 Carinena 或 Carignan）萃取而來，此品種的特色正是質樸的單寧和高酸度。

酸度
單寧

如果它們是此款酒主要的單寧來源，那麼，還須經過有效萃取，並將單寧形塑成可提供飲用樂趣，又可延長酒齡的架構。此過程便來自發酵。

釀造紅酒時，萃取風味和單寧的技術普遍相同。

首先，漂浮在發酵葡萄漿（果汁）頂部的酒帽（cap，由葡萄皮與果渣等形成）必須保持濕潤，除了可以從槽底抽泵葡萄漿，澆淋在酒帽上（稱為淋皮或浸皮）、將酒帽浸壓至葡萄漿，也可以從發酵槽中抽出葡萄漿，再由頂部重新灌入。

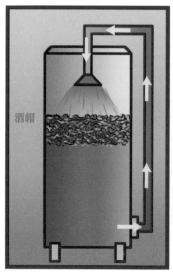

酒帽

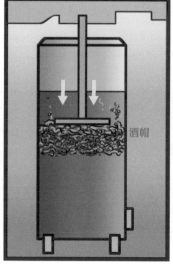

酒帽

酒帽

最後一種做法稱為「rack and return」，其實就是更極端的淋皮，其萃取率更佳。

其實，生產一款即飲的葡萄酒無須萃取大量的單寧或勁道（釀酒業者甚至不想要這麼做），因為過度的單寧會妨礙酒液展現風格簡單、大口享受的易飲特性。

但是，如果業者想要釀造一款未來飲用的葡萄酒，「rack and return」便派得上用場，加上發酵後的長時間浸皮，有點像是建造大型建物時必須打下的地基。如果地基不良，其上的建築物會是一棟不穩且沒有正常人想接近的大樓。

Argiolas 酒莊為這款酒大量運用了「rack and returns」，打造出讓人想不斷品飲的「Turriga」，其深度、酒體和細緻風味，皆可在口腔中明顯感受到。

扁桃仁膏的香氣則來自酒液曾於新法國橡木桶中熟成；我猜巧妙影響酒款香氣的深色甘草風味，也是來自於此。

新橡木桶還為單寧提供另一種感覺，同時讓葡萄酒受到些微的氧氣影響，有助於撫平原本的粗糙單寧，使之質地柔順。

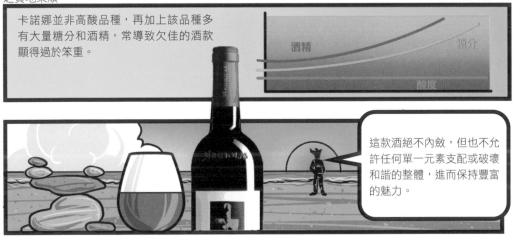

卡諾娜並非高酸品種，再加上該品種多有大量糖分和酒精，常導致欠佳的酒款顯得過於笨重。

酒精　　　糖分

酸度

這款酒絕不內斂，但也不允許任何單一元素支配或破壞和諧的整體，進而保持豐富的魅力。

如果各位尚不熟悉薩丁尼亞酒款，或認為卡諾娜不適合在頂級葡萄酒舞臺占有一席之地，那麼，Argiolas 酒莊華美而頹廢的「Turriga」將告訴你，是時候進一步探索這些美酒的燈塔了。

薩丁尼亞推薦酒單

第 37 杯：卡諾瑞為主的葡萄酒

1. G.n. Guerra, Cancedda O'Connell, Italia, € € €

2. Cantina Dorgali, D53, Cannonau di Sardegna Classico, € €

3. Giuseppe Sedilesu, Mamuthone, Cannonau di Sardegna, € €

4. Argiolas, Senes Riserva, Cannonau di Sardegna, € €

5. Pala, Cannonau di Sardegna Riserva, € €

專有詞彙

我們非常盡力在書中透過文字與插圖解釋本書所有詞彙，因此這份〈專有詞彙〉當然非常精簡。

灌木式引枝法（Alberello）

灌木剪枝法（Alberello）
灌木剪枝法的義大利名。

大木桶（Botte）

大型木製槽。

貴腐黴（Botrytis）

全名為「Botrytis cinerea」。是一種使葡萄染上灰黴（Grey Rot）或灰黴病（Botrytis Bunch Rot）而造成廣大損害的有害黴菌。然而，若果實再對的時間與對的地點染黴，例如法國索甸和巴薩克（Barsac）產區，則會提升成為貴腐黴（Noble Rot），有助於葡萄脫水，集中果實內的風味與糖分。

酒莊（Cantina）

與葡萄酒相關的建物，包括酒莊商店、酒窖或酒莊。

古典（Classico）

意指產區較具歷史意義的「經典」地區。

公會（Consorzio）

處理葡萄酒業務的集團或協會，通常被委託推廣和行銷特定法定產區（DOC）或保證法定產區（DOCG）的葡萄酒。

優質葡萄園（Cru）

指一塊經過品質認證的葡萄園。英文常譯為「growth」，因此在英文的一級園或特級園便寫作「first growth」或「second growth」。

特釀（Cuvée）

這是一個容易引起誤會的名詞。它帶有許多意義，但本書是指酒莊特別釀造的批次酒款。這個詞最常在酒標標示為「Cuvée Speciale」，雖然沒有官方認證的品質意義，但常用來指酒莊特別裝瓶或釀造的酒款。

生產級別法規（Disciplinare）

為所有隸屬於法定產區（DOC）和保證法定產區（DOCG）內的釀酒業者必須遵守的法規。其列出可使用的品種、生產方式、產率，以及最短培養時間等。

日較差（Diurnal Range）

一天中最熱與最冷的氣溫差距。

酯（Esters）

酸和醇反應所形成，是葡萄酒展現許多香氣的原因。

發酵（Fermentation）

酵母在無氧環境（厭氧）中，將糖分轉換為酒精（或更正確地說，乙醇），並代謝出二氧化碳的過程。

易碎性（Friability）

本書純粹指土壤容易破碎的特質。壓實的土壤會限制根系發展和氧氣輸送，並阻止水的進入，對於葡萄樹和果實品質都有潛在的負面影響。

風乾室（Frutaio）

通風且有時裝有溫控設備的房間，用來風乾葡萄。

義大利的葡萄酒官方等級

保證法定產區（D.O.C.G.）：Denominazione di Origine Controllata e Garantita
法定產區（D.O.C.）：Denominazione di Origine Controllata
地區餐酒（I.G.T.）：Indicazione Geografica Tipica

酵母渣（Lees）

葡萄酒容器底部的沉積物，主要為死去的酵母細胞。

乳酸轉化或乳酸發酵（Malolactic Conversion or Malolactic Fermentation）

乳酸將較強烈且酸澀的蘋果酸（Malic acid）轉換為較柔和的乳酸（Lactic acid）的過程，常在酒精發酵完成後接著進行（有時也會與酒精發酵同時發生）。

甲氧基吡嗪（Methoxypyrazines）

簡單來說，這是酒中的草本香氣與風味的化合物。異丁基 - 甲氧基吡嗪（Isobutyl-Methoxypyrazine）與卡本內蘇維濃和卡本內弗朗常見的青椒氣味有關。

橘酒（Orange Wine）

發酵後通常與果皮浸漬較長時間的白酒（最長可能達十二個月之久）。浸皮會改變酒色、質地與風味。

多酚類／酚類物質（Polyphenols/Phenolics）

葡萄的酚類物質在葡萄樹的莖、皮與籽中尤其豐富。暴露在陽光下會增加葡萄皮酚類物質的含量，進而影響酒中某些酚類化合物的多寡，即單寧與色素，如花青素（anthocyanins）。

硫化物（Sulphides）

從化學的角度來說，硫化物是「硫與氫或金屬元素的化合物，其中硫原子以還原的狀態存在，即硫從化合物的其他一種或多種元素獲得兩個電子的型態。」以上引言來自 2013 年出版的《The Oxford Companion to Wine》。從品嘗的角度來看，「還原的」硫化合物（當它們如上所述與氫結合時）會產生腐爛雞蛋或燃燒橡膠的氣味，有時也會是比較可忍受的泥土味等，等酒液於醒酒器或酒杯中與氧氣結合後即消散。

風土（Terroir）

法文詞彙，所指概念為「位置」會大大影響葡萄酒的表現。換句話說，「優質」葡萄酒通常被稱為「風土葡萄酒」，因為它們反映了種植地的氣候、品種和土壤條件。我很清楚這句話的效力，因為本書即是致力於展現葡萄酒在不同葡萄酒世界能夠獨一無二的原因。同樣明顯的是，身為酒農和釀酒師的男性與女性所做的每一個決定，都對葡萄酒最終的風格和品質有非常巨大的影響，因此也應被視為風土定義不可或缺的一部分。

酵母（Yeast）

雖然許多酵母菌會參與酒精發酵過程，但其實只有一株菌種能存活於隨著酒精發酵逐漸增快而充滿酒精毒性的環境。這種嗜糖的酵母名為釀酒酵母（Saccharomyces Cerevisiae，SC）。除了用於發酵，酵母還會賦予酒款風味，這就是為什麼許多業者分離出了特定的釀酒酵母，以促進某些風味和香氣，以及確保發酵成功完成。

參考書目

葡萄酒書不勝枚舉，但偉大的葡萄酒書為數不多。以下書單是我幾乎每週都會查閱的優質葡萄酒書。

《Wine Grapes》

Robinson, J., Harding, J. and Vouillamoz, J., 2013. Wine Grapes: A complete guide to 1,368 vine varieties, including their origins and flavours. Penguin UK.

《The Oxford Companion to Wine》

Robinson, J. and Harding, J. eds., 2015. The Oxford companion to wine. Oxford University Press.

《Italy's Native Wine Grape Terroirs》

D'Gata, I., 2019. Italy's Native Wine Grape Terroirs. University of California Press.

《Vineyards, Rocks & Soils》

Maltman, A., 2018. Vineyards, Rocks and Soils : the wine lover's guide to geology. Oxford University Press.

《The World Atlas of Wine》

Johnson, H. and Robinson, J., 2013. The World Atlas of Wine 7th Edition. Mitchell Beazeley, London.

《Postmodern Winemaking》

Smith, C., 2013. Postmodern winemaking: rethinking the modern science of an ancient craft. Univ of California Press.

《Essential Winetasting》

Schuster, M., 2017. Essential Winetasting: The Complete Practical Winetasting Course. Mitchell Beazley, London

《The Grapevine: from the science to the practice of growing vines for wine》

Iland, P., Dry, P., Proffitt, T. and Tyerman, S. (2011). The grapevine: from the science to the practice of growing vines for wine. Adelaide: Patrick Iland Wine Promotions

《Wine Science》

Goode, J., 2014. Wine science: the application of science in winemaking. Mitchell Beazley, London.

《Barolo to Valpolicella》

Belfrage, N., 1999. Barolo to Valpolicella : The wines of northern Italy. Faber & Faber, London

《Brunello to Zibibbo》

Belfrage, N., 2003. Brunello to Zibibbo : The wines of Tuscany, central and southern Italy. Mitchell Beazley, London.

撰寫品飲筆記

　　我知道某些讀者可能完全不想記下品飲心得，或記錄造訪酒莊時曾品嘗的酒款。但是，也有讀者可能不這麼想，因此我們隨書附上空白品飲筆記表和簡單的品飲指南，點出各位可能想要記錄的葡萄酒資訊。最重要的是，對於我們大多數人來說，品飲筆記不過是一個簡單的備忘錄，僅是為了提醒我們喜歡或不喜歡特定酒款的原因。因此，請使用對你有意義的語言表達自己的感受。如果你嘗試以別人的方式書寫或只是為葡萄酒評分，那麼，等回到家想重溫這些紀錄時，記憶自然會較不清晰。

　　讓我舉個例子：我概述了最後一瓶葡萄酒的味道，即來自薩丁尼亞島 Argiolas 酒莊的第 37 杯。我以非常輕鬆且個人的方式速寫（請原諒這簡單的風格）。我的目的是證明寫品飲筆記的簡便，畢竟，我們是在品嘗葡萄酒，不是在建造火箭。

第一印象First Impressions

　　色深濃郁，帶有令人暈眩的濃厚甜美果味、果乾、地中海草本與異國香料。可口！

品飲Taste

　　豐郁、有勁道、單寧濃稠、厚重、緊咬口腔，帶了點酒精的暖感（嗎？）但酸度骨架支撐良好，不顯鬆塌，有活力。

結論Conclusion

　　我很愛這款酒。感受得到產區的成熟和溫暖，但因為酸味充足，防止酒液顯得笨拙，而且還因此展現一定程度的高雅。單寧的濃郁與成熟讓酒款顯得有分量，並優於其他一般酒款。這些特質讓它風味平衡（B）。

　　餘韻優良，即原本的良好印象得以延續。即使入喉，正面的印象依舊綿長芬芳，這款酒有優於一般的綿長餘韻（L）。有令人滿意的果味和風味濃郁度（I），當與異國香氣、草本調性和辛香料結合時，又展現了一定的複雜度（C），再次證明這款酒比許多非常優秀的葡萄酒更加出色。

　　你會發現，我們在如下品飲筆記欄位中的結論處，列出首字母縮寫「BLIC」，代表：

平衡（Balance）、餘韻長度（Length）、濃郁程度（Intensity）和複雜度（Complexity）

　　雖然「BLIC」看似有些僵硬，卻是評量一款酒非常有效的工具。如果你曾在英國葡萄酒與烈酒教育基金會（Wine and Spirits Education Trust，WSET）機構學習，可能對此方式不陌生，實際使用相當方便，此機構甚至建議以此作為評

論酒款品質的核對項目。如果四個條件都符合，表示品質卓越，符合三個條件則品質出色，只符合兩個條件，則品質屬佳，如果只有一個條件符合，則表示品質僅平庸。很明顯地這有些主觀，但各位能依據自己的經驗評斷，讓它成為對於任何酒款都有效的個人工具。只要稍加練習，就會發現自己「正確」評量葡萄酒的功力與日俱增，並能在面對自己不太喜愛的酒款時，也能依據這些條件給出正面評價。

以這款酒而言，我認為它在平衡方面可以拿到 0.75 分，餘韻長度也有 0.75 分，而風味濃郁度與複雜度各拿了 1 分，這款酒總分有滿分 4 分的 3.5 分，可以說是品質卓越。

Tasting Note 品飲酒名：	*Argiolas, 'Tarriga' 2014*

First Impressions 第一印象：

色深濃郁，帶有令人暈眩的濃厚甜美果味、果乾、地中海草本與異國香料。可口！

Taste 品飲：

豐郁、有勁道、單寧濃稠、厚重、緊咬口腔，帶了點酒精的暖感（嗎？）但酸度骨架支撐良好，不顯鬆垮，有活力。

Conclusion 結論：

我很愛這款酒。感受得到產區的成熟和溫暖，但因為酸味充足，防止酒液顯得笨拙，而且還因此展現一定程度的高雅。單寧的濃郁與成熟讓酒款顯得有分量，並優於其他一般酒款。這些特質讓它風味平衡（B）。

餘韻優良，即原本的良好印象得以延續。即使入喉，正面的印象依舊綿長芬芳，這款酒有優於一般的綿長餘韻（L）。有令人滿意的果味和風味濃郁度（I），當與異國香氣、草本調性和辛香料結合時，又展現了一定的複雜度（C），再次證明這款酒比許多非常優秀的葡萄酒更加出色。

B	0.75	L	0.75	I	1	C	1	Total	3.5

各產區推薦酒款清單

37杯酒與延伸推薦酒單&台灣代理商資訊

 想要進一步尋找本書介紹與延伸推薦
酒款,請到以下連結下載相關資訊:
https://reurl.cc/2glXjv

※積木文化會不定時更新以上資訊,想要收到最新訊息,你可以:

 ・按讚追蹤我們的FB粉絲專頁:積木生活實驗室

 ・訂閱「積木生活實驗室・Tasting Bar品飲電子報」
https://goo.gl/TZTHRm

歡迎本書列舉酒單中的酒莊╱代理商與我們聯繫更新資訊或合作活動,請來信:
pr@cubepress.com.tw ,或來電02-25007696分機2756。

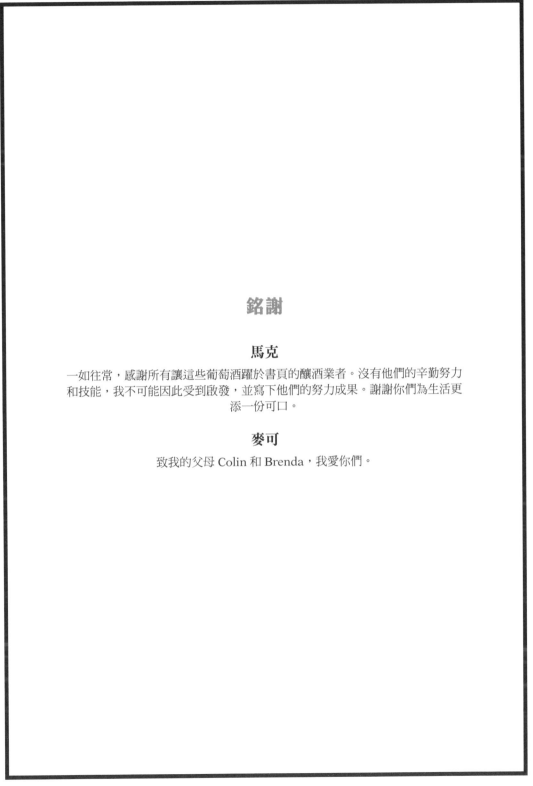

銘謝

馬克

一如往常，感謝所有讓這些葡萄酒躍於書頁的釀酒業者。沒有他們的辛勤努力和技能，我不可能因此受到啟發，並寫下他們的努力成果。謝謝你們為生活更添一份可口。

麥可

致我的父母 Colin 和 Brenda，我愛你們。

Tasting Note 品飲酒名：

First Impressions 第一印象：

Taste 品飲：

Conclusion 結論：

B	L	I	C	Total

Tasting Note 品飲酒名：

First Impressions 第一印象：

Taste 品飲：

Conclusion 結論：

B	L	I	C	Total

Tasting Note 品飲酒名：

First Impressions 第一印象：

Taste 品飲：

Conclusion 結論：

B		L		I		C		Total

Tasting Note 品飲酒名：

First Impressions 第一印象：

Taste 品飲：

Conclusion 結論：

B	L	I	C	Total

37杯酒喝遍義大利

葡萄酒大師教你喝出產區、風土、釀酒風格，全面掌握義大利酒精華

原 文 書 名／Italy in 37 Glasses: Sniff's Field Guide to Italian Wine
作　　　　者／葡萄酒大師馬克·派格（Mark Pygott MW）
繪　　　　者／麥可·歐尼爾（Michael O'Neill）
譯　　　　者／潘芸芝
特 約 編 輯／魏嘉儀

總　編　輯／王秀婷
責 任 編 輯／梁容禎
行 銷 業 務／黃明雪、林佳穎
版　　　　權／徐昉驊

發　行　人／涂玉雲
出　　　版／積木文化
　　　　　　104台北市民生東路二段141號5樓
　　　　　　官網：www.cubepress.com.tw
　　　　　　電話：(02) 2500-7696　傳真：(02) 2500-1953
　　　　　　讀者服務信箱：service_cube@hmg.com.tw

發　　　行／英屬蓋曼群島商家庭傳媒股份有限公司城邦分公司
　　　　　　台北市民生東路二段141號11樓
　　　　　　讀者服務專線：(02)25007718~9　廿四小時傳真專線：(02)25001990~1
　　　　　　服務時間：週一至週五09:30-12:00、13:30-17:00
　　　　　　郵撥：19863813　戶名：書虫股份有限公司
　　　　　　網站：城邦讀書花園www.cite.com.tw

香港發行所／城邦（香港）出版集團有限公司
　　　　　　香港灣仔駱克道193號東超商業中心1樓
　　　　　　電話：852-25086231　傳真：852-25789337

馬新發行所／城邦（馬新）出版集團Cité (M) Sdn. Bhd
　　　　　　41, Jalan Radin Anum, Bandar Baru Sri Petaling,
　　　　　　57000 Kuala Lumpur, Malaysia.
　　　　　　電話：603-90563833　傳真：603-90566622

封面設計　張倚禎
內頁排版　薛美惠
製版印刷　中原造像股份有限公司

2020年11月3日 初版一刷
定價：580元
ISBN：978-986-459-247-0

國家圖書館出版品預行編目(CIP)資料

37杯酒喝遍義大利：葡萄酒大師教你喝出
產區、風土、釀酒風格，全面掌握義大利
酒精華/ 馬克.派格(Mark Pygott MW)文；
麥可.歐尼爾（Michael O'Neill）圖；潘芸
芝譯. -- 初版. -- 臺北市：積木文化出版：家
庭傳媒城邦分公司發行, 2020.11
　　面；　公分
譯自：Italy in 37 Glasses: Sniff's Field
Guide to Italian Wine
ISBN 978-986-459-247-0(平裝)

1.葡萄酒 2.品酒 3.義大利

463.814　　　　　　　　　　109014485

城邦讀書花園
www.cite.com.tw